U0273739

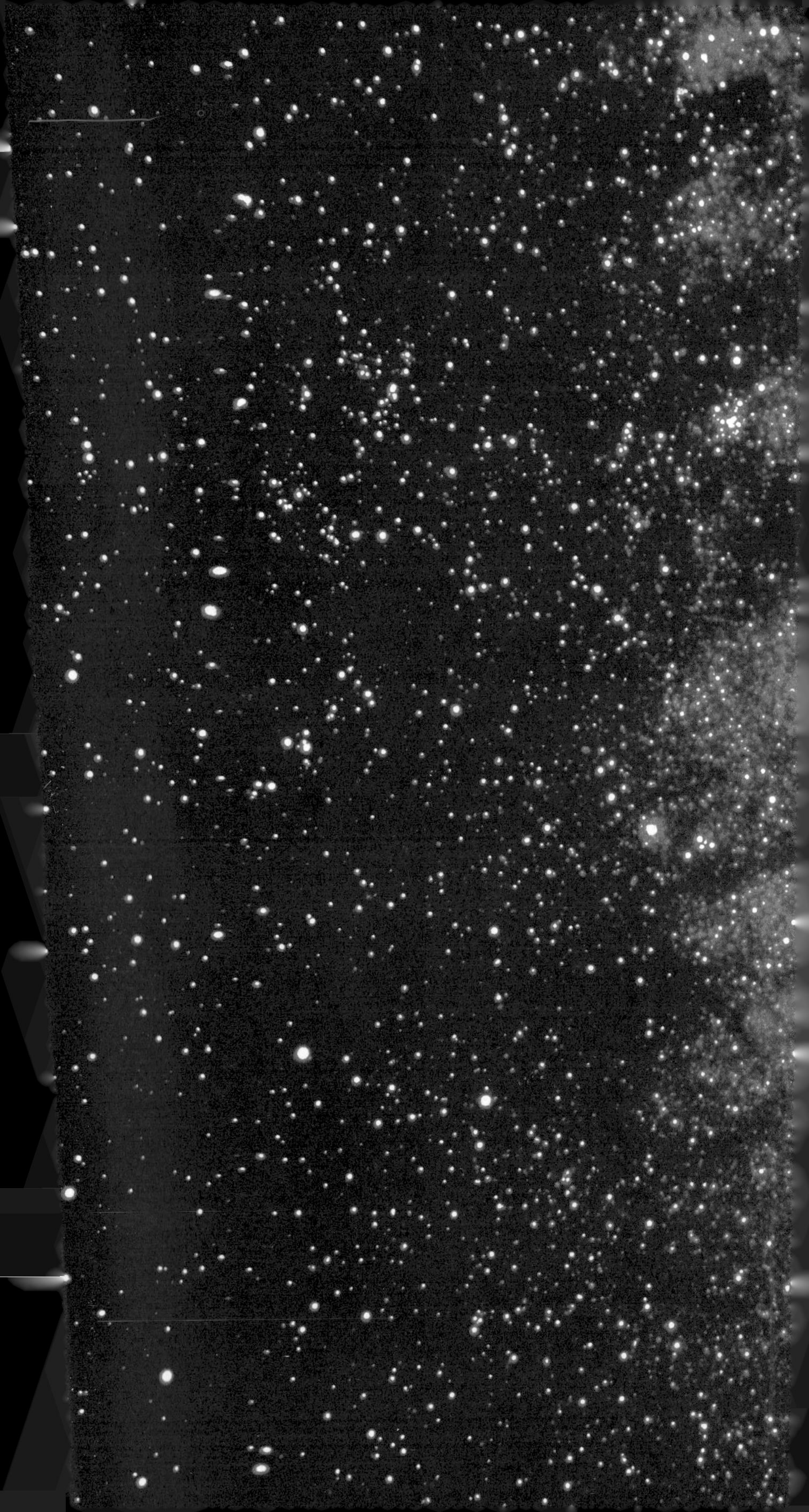

霍金

现代

中科院

● 用光学望远镜看到的猎户星云，堪称宇宙之神奇和美妙的最引人入胜的证明。

目 录

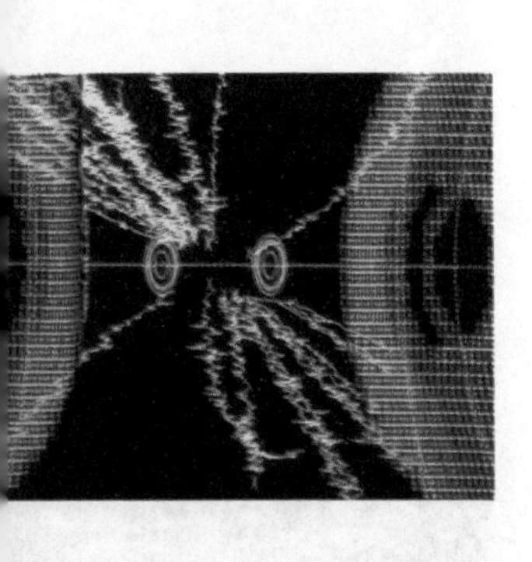

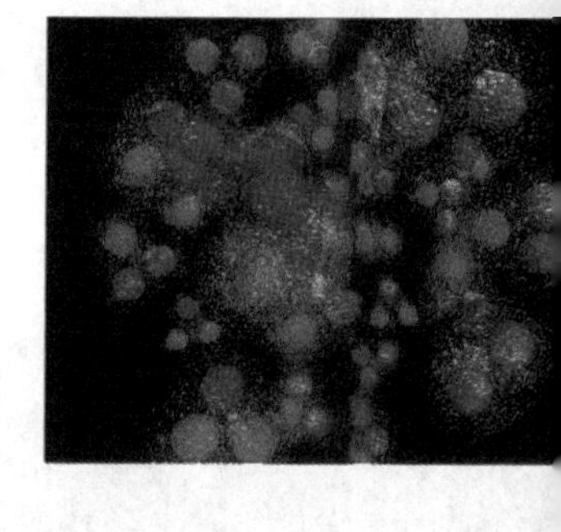

大麦哲伦云是离我们银河系最近的星系之一。它是一个巨大的尘埃云，被它内部产生的恒星所照亮。

序

关于宇宙的故事

《霍金的宇宙》是一本不可多得的有关现代物理和天文学发展历史和前沿的科普读物。作者的笔调深入浅出，用讲故事等形式介绍了这两门重要学科的发生、发展和当今的研究前沿。书中没有一般教科书中那些令读者容易糊涂进而困倦不堪的符号和公式，但物理原理和自然真相却被介绍得非常清楚。因此凡是具有高中文化水平的读者均可在阅读故事的过程中了解现代科学发展的过程和规律，并进入到当今物理学和宇宙学的前沿阵地。对于人们阅读当代科技新闻和了解科学家们究竟在做些什么和这样做的可能结果与意义将大有裨益，同时可以清楚地看到科学与宗教的差异，还能由此洞察科学与迷信之间的截然不同，并自觉地选择科学而远离迷信。由于中译本的译文语言浅显生动，具有初中文化程度的人们也可以读懂其中大部分内容而充分受益。

该书作者是西方科普作家，他不仅推崇数学的威力和美妙，更处处引证实际观测结果作为理论可信的基本条件。这一点可说是近代科学发展的基本路线和基石。

由于作者并非专业天文学家，书中极个别说法须加以修正或说明。比如现代恒星演化理论认为小质量恒星的演化一般不能达到合成铁元素的地步，而是依质量由小到大在某一阶段上停止氢燃烧、氦燃烧等逐渐向重元素递进并终结于白矮星等。它们的核心实际上是密度远远大于铁的简并粒子组合体，在最后冷却时也不会成为铁疙瘩。对于大质量恒星，它们核燃烧的最后产物是铁，但是也不会留下一个铁疙瘩，而是要发生超新星爆炸并最终塌缩成中子星或黑洞。至于比铁更重的元素的合成就必须经由别的途径了。另外要注意的是，现代物理学中的“真空”概念并非意味着绝对的“无”，那里是能量的世界。能量可分为引力能和动能，二者的符号相反因而可以相互抵消而使得系统的总能量为零。

多宇宙问题实际上只能是一个哲学问题，因为对于其他的宇宙我们是无法进行观测的，因此也就无法以自然科学的研究方法来判断它们是否真实。而我们的这个小宇宙要服从人择原理，所以有了我们现在看到的情况（也就是说只有我们现在看到的这种宇宙才能允许发展出会思考的人类）。我们人类的存在是宇宙十分短暂的一瞬间，但是我们在发展中认识了自然，也认识了自己。这是阅读本书时应当记住的一个线索。

蒋世仰

中国科学院北京天文台博士生导师

前 言

一起分享宇宙的奥秘

1994年戴维·费尔津向我建议，按照我的著作《时间简史》的思路，制作一部电视系列片。我从这一想法中受到了鼓舞。实际上，已经有了与这本书同名的一部电影。可是，虽然这部电影也很不错，但其中含有过多的人物传记材料，而且在记述科学和历史的背景方面不可能与系列电视片相比。我希望有尽可能多的人能与我分享在面对人类正在做出的发现而产生的那种惊奇和激动的心情。自从人类放弃游牧狩猎而定居下来从事农耕，至今不过区区几千年。在这之后，人类才有了文字这种书面语言，也才有了对人类生活于其中的这个宇宙认识的记录，并将其一代又一代地传下去。但人类进步的速度并不是均匀的。虽然人类对宇宙的基本认识可以追溯到古希腊，但一直到15世纪末以前，这种认识只有很少的进展，有时甚至有倒退。可是从那以后，人类的认识又开始前进了，而且前进的速度越来越快，特别是在20世纪中。我们发现了新的力和这些力所遵从的规律。我们也发现宇宙并非只是一个各种事件发生的环境，其自身也处在不停的运动和进化之中。我们的一个最重要的发现是，宇宙并不是自古以来就永恒地存在着的，它被确认为诞生于大约150亿年前的一次大爆炸。然而我们却不知道宇宙将来是否会终结于一次大坍塌，但我们至少可以肯定在未来150亿年以内不会出现这种结局。为了能够理解宇宙的诞生过程和未来可能的归宿，必须把爱因斯坦的广义相对论与量子力学中的测不准原理统一起来。我们的努力正在取得引人注目的进展，但是大自然实在微妙而精深，它会不断地使我们感到始料不及惊讶不已和目瞪口呆。求得一个大统一理论的终极目标也许就近在咫尺，但也许它恰恰已经超越了我们所能理解和把握的范畴。

斯蒂芬·霍金于剑桥

这些恒星一直被海员和旅行者用来引导方向，其中最亮的叫作天狼星，它也是全天空最亮的恒星。

导 言

寻舟出航

这里不是一个我们经常聚会的地方。牛津大学橄榄球队的八名队员，其中包括我自己，正紧张地坐在学校的这只虽然有些旧但是仍然漂亮的赛艇上，等待着参加我们的第一次划船比赛。这支队伍是一个不同类型学生的奇怪组合，唯一相同之处是每个队员都身穿蓝色加金色的运动衫。不知什么原因使我们幻想着，必定有人会帮助我们成为一支大获全胜的金牌队。

我忽然发现了和我们在一起的另一个人。他的个子矮一些，没有穿和我们一样的橄榄球运动衫，戴一副深色的牛角框眼镜再加一顶干净的麦秸编的草帽。

"那是谁?"我问我旁边的人。

"霍金，斯蒂芬·霍金。他是我们的舵手。"

"有点像个花花公子，"有人壮着胆子说，"不过他聪明绝顶。物理系二年级学生。"

我模糊地记得好像在学校饭厅里吃晚饭时见到过他走过大厅，并听到过他的声音。但除此之外对他毫无了解。此时斯蒂芬·霍金坐在船的一头，我坐在船的另一头，并没有说话的机会。

在正式比赛之前我们训练过三次，训练中必须学会很多东西。我忘记了当时的教练是谁，可这不重要，只记得他教我们非常卖力。可是我觉得教练和我们八个人都明白我们这个队不比别人占有优势，可我们当中只有斯蒂芬·霍金信心十足。他在掌舵时大声喊叫着鼓励我们，不让我们放弃任何努力，在比赛的第一天他使我们相信了我们这个队还是大有希望的。

在河道的狭窄处，没有足够的宽度让参加比赛的船并肩前进。所以比赛是"追撞"比赛。每一只船都努力追赶前面的船，同时又被后面的船追赶。后面船上担当舵手的人要敏捷地引导所在的船撞一下前面的船，然后两只船就同时靠向河边退出比赛。

第二天在比赛的起始点两只船就交换一下位置，所以在四天比赛中一只表现出色的船就可以晋阶四强。

在比赛的出发点上，我们占有从去年学校的橄榄球八人队那里继承下来的相当靠后的位置。在发令员的枪响以后，斯蒂芬·霍金指挥我们以极快的速度出发，这使得后面的船不能追上我们并与我们相撞。但我们并没有急于追上在我们前面的船，这只船赶上并撞击了在它前面的船。斯蒂芬巧妙地掌舵，避免我们被后面的船所"袭击"。突然，后面的船停了下来。原来它被在

- 1962年，牛津大学八名橄榄球队员组成的划船队。左二是戴维·费尔津。右一是斯蒂芬·霍金，他是这只船的舵手，身着与众不同的船员用帽子和醒目的上衣。

它后面的船撞上了。

斯蒂芬开始暗示我们看到了胜利的曙光。他知道我们周围没有别的船，因此可以免于被袭击了。我们中的其他人也都意识到，看来我们可以也必须划完全程了。由于前面还有很长的距离，我们自然地开始稍微地歇一歇。但斯蒂芬却一点也没有放松，他指挥我们继续全速前进，直到我们一个个都筋疲力尽地到达终点为止。这使得我们第二天在河上的同一位置继续这场比赛，而且重复前一天的整个赛程。

可是我们很快就“学乖”了。在后来的三天里，为了避免再次划完全程之苦，我们故意让我们的船早早地被别的船撞上。

但是想到斯蒂芬为我们的目标所做出的努力，我记得我为此模模糊糊地感到有些内疚，可我的负疚感后来在校园生活中很快地又消失了。同样的感觉变化也发生在我与斯蒂芬的接触中。但我难以忘却那在草帽和眼镜之下的年轻人的坚毅的性格及在比赛中必胜的信念。

后来我没有再遇到斯蒂芬。我以实习生的身份到了BBC（英国广播公司）工作，埋头于电视节目的制作，那时我只知道斯蒂芬去了剑桥攻读理论物理博士学位。我开始不时听到关于他的各种消息，包括后来我获悉斯蒂芬得了遗传病。他可能知道这种病会导致他失去对全身肌肉的控制，这是一种可怕的预后(根据症状对病症的经过和结果所作的预测)，对任何人来说都难以接受。但是斯蒂芬的必胜信念和无比坚强的意志会帮助他无畏地承受这突如其来的打击。我已经听说，斯蒂芬说他的疾病在某种意义上成了他的一种动力，使得他认真考虑在一生中还能做些什么。斯蒂芬意识到，疾病给他带来的挑战与其说是身体上的，不如说是心理上的。

很多人都熟悉斯蒂芬与疾病做斗争的不同寻常的故事。他不得不在轮椅上生活，气管被切开而且失音。但是他仍然保持着敏捷的思维。借助固定在轮椅上的计算机和一部语音合成器，他的研究工作在继续进行。依靠手指在一个压力垫上的轻微运动，斯蒂芬可以移动计算机屏幕上的鼠标，从一个专门的数据库中来选择单个词语甚至整个句子；如果需要的话，他也能拼写出一个个单词。这样，斯蒂芬能在计算机上写出从妙趣横生的笑话到讲义，甚至整本的书。如果他想说话，他就启动他的语音合成器来宣布他都写了些什么。

你也许会设想这可能会导致某种缺乏个性的谈话。事实上，斯蒂芬已经非常聪明地学会了怎样通过没有情感的计算机来充分地表达自己。为了节省时间，他喜欢使用简单而切题的句子。这种简单的句子在最初也许会给人以不耐烦或心不在焉的感觉；可是很快地，跟随着充满魅力的语汇和优雅的陈述，你就会意识到这其实是一种迅速表达出中心论点的高效率的敏捷才思。特别是他具有敏锐的幽默感。我记得有一次在美国麻省理工学院，斯蒂芬被介绍给一群颇有身份的听众。院长首先热情地介绍了斯蒂芬的科学成就，然后斯蒂芬灵活地操纵着轮椅进来了，全体听众起立并长时间地鼓掌欢迎。当掌声最终停下来后，是一片含蓄的寂静，听众们在等待斯蒂芬的不同寻常的致辞。斯蒂芬非常精确地掌握着节奏，打开了他的美国制造的语音合成器，只用了短短的不到10个单词，他就赢得了这群有着不寻常智慧的听众的心："上午好!"斯蒂芬说，"我希望你们喜欢我的美国口音"。

他的坚毅性格会使人很快忘记他身体的残疾而顿生赞赏之情，他的学术成就使得他成为著名的科学家而相形之下他身体的残疾却变得暗淡失色。作为剑桥大学的卢卡斯讲座的数学教授，他和他的前任们有着同样的出类拔萃和光辉夺目的智慧与心灵。

这些前任中有本书将要提到的，并且在几乎任何一本涉及物理学史和宇宙学史的书中都要提到的伊萨克·牛顿和保罗·狄拉克。像他们一样，斯蒂芬在科学上的贡献已使他自己在科学史上占有一席之地。斯蒂芬不像一些人那样，虽然做出了杰出的科学成就，但其成就却遗憾地不为一般公众所理解。斯蒂芬决心要使更多的人懂得宇宙学。为了通俗易懂，他在写《时间简史》时，决心不使用通常被认为对宇宙学研究是最重要的数学语言。在《时间简史》的序言中霍金解释说，有人曾经半开玩笑地警告他，在他的书中，他每引用一次数学方程，他就要失去读者人群的一半。所以在这本书中他只允许自己引用一个数学方程（爱因斯坦的 $E=mc^2$）。即使如此霍金也流露出了他的担心，他不无幽默地说，看来这已经使书的销量减少了 50%。

实际上霍金的担心是多余的，《时间简史》取得了极大的成功。在许多年中，《时间简史》一直是全球范围的畅销书。已经有了两三部关于《时间简史》作者霍金的电视片，但其中却没有一部能够很好地驾驭有关的科学内容。作为 BBC 电视台的科学和专栏节目负责人，我当时在策划一个新的专题。为此，我决定在牛津一别 30 年后再次会见斯蒂芬·霍金。

走进斯蒂芬·霍金所在的系那座朴实无华的建筑物，我的心情有些惴惴不安。不管怎么说，上次我见到他时他还是完全健康的，我感到难以预见会有什么情况发生。可是事实证明我的担心是多余的。当我坐在他的身边、看着他想说些什么就把什么用手通过键盘输入计算机时，很快就得以放松下来。任何两个正常人的谈话，都要比等待语音合成器来“说”出他输入到计算机中的内容快得多。有时在他输入完一句话中的全部单词之前，我就能猜出他要说的大致意思；在我感觉到我们在某一问题上出现共识时，禁不住要打断他正在做的而马上表达出来。斯蒂芬对我的有些性急的举动泰然处之，然而他也确有妙招使我这种本能的冲动归于平静。当他想输入完一个句子而避免被我中途打断时，他就启动语音合成器果断地发出一声“是的”，这一招还真的收到了奇妙的效果。

● 斯蒂芬·霍金当选为剑桥大学冈维尔卢卡斯学院的研究员。安装在他的轮椅前部的是他用过的一种型号的语音合成器。

在这次访谈结束时斯蒂芬表示，他对再制作诸如“在一个残疾的身体中隐藏着一个才华横溢的头脑”这类内容的电视片毫无兴趣，而只关心电视片是否以科学内容为主题。我告诉他我同意他的观点，并且说我认为要一步步地清晰地揭示出宇宙的奥秘，可能需要多达六集电视纪录片。那么节目又该怎样分集和表达呢？我倾向于使用一个类似《爱丽丝漫游奇境》中的主人公式的人物，让她作为一个天真又无知的小学生，在旅行中向一个又一个的宇宙学权威提出所有重大的基本问题。斯蒂芬对我的这个想法有些不以为然。他倾向于使用例如伽利略这样的历史人物作为主要的提问者。他的根据是，伽利略对宇宙的认识，多少类似于今天一般公众对宇宙的认识。电视片可以让伽利略作为外行观众的代表对现代观点进行检验。我和斯蒂芬达成了共识，我去写六集连续电视纪录片的脚本，然后再由斯蒂芬过目。

我很快地就埋头于这项工作中。给斯蒂芬写纪录片脚本，要比在 BBC 的繁杂的人际关系中做出某些困难的管理方面的决断令人心情愉悦得多。过了不久我就意识到，我实际上是很想摆脱原来的管理工作岗位而回归于创作工作。我绝不打算把这项有新鲜创意的工作交给别人，这是我真正自己想做的那种事情。

试着去回答那些貌似简单而实际上涉及广泛又极具基础性的问题，这件事有很强的诱惑力。诸如“为什么我们会待在这里?”“宇宙的本质是什么?”“万事万物是怎样开始的?”“宇宙将怎样结束?”等等都是最基本的问题。在给出一个问题的答案时经常又会引出一系列新的问题。而且就算是不超越人们的理解能力，答案也往往令人目瞪口呆。还有就是答案有时不仅不能解决问题，反而使问题更复杂了。比如要理解黑洞和时间翘曲就必须先懂得引力理论和量子力学，而后二者解释起来恰恰是同样困难的。这有点像剥一个洋葱头。每当你揭下了一层，你就必须接着面对更下面的层次。这种一层层可揭下去的结构似乎是无穷无尽的。

我终于理解了这一点。我不得不从“洋葱”的中间部分开始一层层“揭”起，而不是从它的最外层开始。假如你对宇宙完全一无所知，那么你如何还会想揭示宇宙的奥秘呢？我们的全部知识必须是从某一点上开始，然后一步步地发展起来，进入到今天的在很大程度上数学化了的宇宙学研究。假如像我本人一样的门外汉也可以一步步地重复这一发展进程的话，那么可以肯定其中每一步都已经被阐述得清清楚楚。

沿着上述的思路越来越多地审视我的对象，我发觉我对事情就看得越来越透彻。现在我知道我必须做些什么了。当斯蒂芬赞同、BBC 也同意我提前退休来集中精力撰写纪录片脚本和本书时，一切必需的条件都就位了。我们有了一个计划，有了一只即将出航的船，斯蒂芬将再一次为它掌舵导航。我将作为一个完全的初学者再次搏击水上。但这一次我下决心一定坚持到航程的终点，不管这次的赛程有多么漫长和困难重重。

- 自然界早就用一种特别的方式警示人类的祖先，宇宙是被一种超越人类所能理解的力所控制着。
闪电所产生的电流比在我们的家庭中使用的最强的电流还要强数千倍。

第一章

太阳、天空和灵感

斯蒂芬·霍金的宇宙模型，正如他自己坦率承认的那样，并非他本人的某种创造物。在目前，这个模型处于一个由一系列最耐心、最细致的科学观察和实验组成的长链的末端；这些观测和实验已为我们建立起了一个包罗万象的图景，任何令人信服的对宇宙的描述都必须能对此图景加以解释。人类的一批最有才华的科学家已经为此奋斗了数个世纪。然而，他们一次又一次地发现了，每当解开一些难题时，从一些最新奇的证据中可能引伸出更大的以前从未面对过的难题。这是名副其实的侦探故事，它通过充分的证据显示，宇宙诞生于一次大爆炸，并可能终结于一次大坍塌。故事中还包括了黑洞、白矮星、虫洞以及 WIMPs 和 MACHO 等角色。（这两个缩写词分别代表“弱相互作用重粒子”和“晕内大质量高密度天体”，后文将有论述。）这样的宇宙即使是科幻小说家们也没有一人敢于设想过，这种情形真是非同寻常的。为了理解斯蒂芬·霍金的宇宙，我们还得回到宇宙学发端的那个时代，这个时

- 龙卷风的破坏力很容易使我们联想到，宇宙中仍然有各种各样使我们自己创造的任何东西相形见绌的力量在起作用。

代远比斯蒂芬·霍金把他自己划归于和那些试图用画笔描绘宇宙轮廓的高超的艺术家属于同一阵营的时间要早得多。

乌龟致使前路迷茫

在历史上是谁、又在哪里最先开始试图描绘出宇宙的轮廓呢？有人说是古代中国人；有人说是古代巴比伦人，他们的后代居住在今天的伊拉克。没有人能确切地知道是谁第一个提出了对宇宙本质的科学的解释。但在很多情况下，这个问题的答案依赖于到底什么是“科学的”。巴比伦人认为，宇宙就像在海面上耸起的高山，而天空就像在头顶上的一个大圆盖。太阳每天从一个门口进来，然后从另一个门口出去。他们把星图刻在岩石上，以备占星家

们预测未来之用——这与今天科学家们的做法几乎是格格不入。可是，为什么一种关于宇宙的学说能被很多人所接受而不是另外一种呢？如何能肯定我们是在准确地理解宇宙的真实本质，而不是某种凭空想象呢？

在一段很长的时间里，人们似乎觉得上面的这类问题已经超越了人们的理解能力。可以想象原始的岩穴居民们在面对暴风骤雨中的电闪雷鸣带来的恐怖时，或者在他们遭受无边无际的汪洋大海中的狂风巨浪惊涛拍岸的威胁时的特殊心情。他们肯定知道这时完全没有必要去问为什么有一种强大无比的力量在告诉他们，当务之急是寻找一个在地球上的可以救命的庇护所或避风港。毫无疑问地在早期文明留下来的关于人类日常生活和人类信仰的记录中，会有很多神秘女神，这些神有制约天地、控制海洋的无边法力。一直到今天，人们在欢庆丰收时还总爱说："大地女神抚养和哺育了我们。"

所以，看来在认识宇宙的过程中不得不给宗教留下一席之地是非常自然的。在对宇宙演化的任何解释中也必须为人类留下与其他事物相类似的地位。还一定要对神毕恭毕敬而绝对不敢挑战它。在这些框架之内，逐渐萌生了对宇宙的认识。经过了千百年之后，人类对宇宙已经有了想象力丰富、而且往往是美丽动人的和详尽的认识。但可惜的是这些认识极少建立在科学基础之上。在《时间简史》这本书中，斯蒂芬·霍金引述了这样一种看法——地球像是一个平台，它被一只乌龟的背支撑着，而这只乌龟则位于一座由无数只乌龟组成的高塔的塔尖上。如果你不是属于主张这种观点的宗教教派的成员的话（这个教派可能产生于印度或远东的另外某一个地方），你一定会感到十分惊讶，一些人怎么会产生或接受如此这般的高明之见？可是这种见解真的不如现今的宇宙大爆炸学说那样可信吗？在大爆炸学说中，爆炸后的宇宙膨胀为亿万个旋涡星系，而在每个旋涡星系中又包含了千百万个恒星火球。在其中一个火球周围有九个星球在围绕着它旋转，我们的地球就是这九个星球之一。大爆炸学说只是现代科学的计算结果要求你接受而已。

如果你在选择你喜欢的模型时不单纯出于宗教信仰，那么你当然需要证据。而科学就是通过搜集证据来区分事实和虚幻的。这个原则是简单的，但实行起来却很困难，至少在宇宙学中是如此。一种观点或理论要被承认，就必须不止一次地接受检验并且检验结果要与理论所预言的结果相符。举例来说，温度和压力两个参数可以决定水是否由液态转化为气态，要证明这个规律就必须进行多次实验。实验表明，无论何时这两个参数中的一个变化时，另外一个也会跟着变化，但二者却总保持一定的关系。可是有点不幸的是，证明一种宇宙学说的有关实验往往不那么容易付诸实施。在乌龟背上的那张平台也许太大了，没有人能在有生之年从人类生活的这个地方走到平台的边缘地带。而且，即使有一个勇敢的科学探险家能走到那里，他(或她)能看到在平台下面由无数只乌龟组成的塔的塔尖上趴着的乌龟吗？从这里却不难看到，像宇宙这样的让科学陷入了困境的难题，倒是可以让人类的想象力自由驰骋。

日以继夜

认识宇宙这个问题之困难，使得我们不由得对最早的堪称为宇宙学家的那些学者所具有的天才和灵感肃然起敬。在他们对宇宙做出任何解释时，往往不一定要放弃原先持有的某种对神的信仰。他们要做的只是从他们观测到的现象出发进行一番推论就行了。黑夜过去之后接着就是白天，这时太阳就会取代月亮与星辰。而在每天晚上星星们会出现在大体相同的位置上，古希腊的航海家们于是就学会了利用恒星的位置来为他们的船只导航。古希腊人还坚信，不管诸神创造的惊涛骇浪和暴风骤雨有多么可怕，他们总是让宇宙的机制以一种有规律和可以预见的方式运行。而且古希腊人在他们的永不满足的好奇心的驱使下，通过他们高超的观测技能来努力探索这种机制是如何工作的。斯蒂芬·霍金把亚里士多德当作最早的宇宙学家之一，然而亚里士多德学派仅仅是曾经努力去揭示宇宙奥秘的古希腊诸多哲学学派中的一家而已。

当然古代的学者们的确犯了一些错误——通常这是非常容易理解的。在人们脚下的地球乃是最令人觉得又坚实又可靠的东西，即使对于一个再无知的人来说，他也会感到大地是平稳和静止的。更早的古巴比伦人认为大地是静止的，而天空就像一个移动着的圆屋顶。这种观点不仅影响了古希腊人，而且影响了生活在此后整整 3000 年中的人们。与其他人一样，亚里士多德也轻易接受了这种大地是静止的观点。他还进一步设想，因为只有圆周运动是最完美的，那么地球就位于圆周的正中央，而其他天体都在围绕着地球运动。但是亚里士多德未能提出任何办法从科学角度来检验他的观点。这个难题给别人留了下来，那时的人们只能通过肉眼观察所得到的有限线索来收集有关宇宙的本质的证据。

立竿见影

有人说，最初是古希腊人先注意到，在同一时间里，从萨摩斯岛和从亚历山大看到的天上的群星排列成的图案是一样的，只不过这些图案在夜空中的位置会有所不同。至于他们是怎样把从两个相距很远地方观测得到的星空图案放到一起来进行比较的，我们至今还不很清楚。可是，古希腊人是很优秀的航海家，他们能沿着固定的路线航行到很远的地方。还有人说，古希腊数学家埃拉托西尼最先指出，一根在阳光下的立杆在一天中的不同时刻其影子的长度是不同的。如果太阳位于立杆的正上方，立杆受到垂直的照射，当然就根本不会出现影子。当太阳的高度很低时，例如在日出或日落的情况下，立杆的影子最长。据信埃拉托西尼曾使用两支长度相同的立杆，一支放在阿斯旺，另一支放在亚历山大；在一天中的同一时刻，他观测、记录并比较了杆影的长度。也许当时他的工作得到了某个同事的帮助，也许他是只身从阿斯旺赶到亚历山大，在不同两天中的同一时刻完成的观测和记录。但这一点并不太重要。重要的是埃拉托西尼发现了，在一天中的同一时刻这两支杆的影子长度并不相同。

在这一点上埃拉托西尼确实有着非凡的洞察力。他的每一支立杆都是与地面严格地垂直的。对这个实验埃拉托西尼进行了一番推理，他认为，假定地面是平的，那么这两支立杆就是严格地平行的。由于太阳距离的遥远，阳光是平行地照射到两支立杆上的。那么，这两支竖立在不同地方的立杆影子的长度在一天中的任何时刻都应该是相等的。上述的例子实际上是欧几里得几何学的简单应用，即初等几何学的应用。如果大地是平的，当太阳垂直照射一支立杆时，这支立杆没有影子；而另一支也同样应该没有影子。可是埃拉托西尼的观测结果却表明了，在一支立杆没有影子的同时，另一支立杆却出现了影子。从埃拉托西尼的详细记录中可以看到，在两个地方的两支立杆在一天中同一时刻影子的长度总是不相等的。在这种情况下只能有一种解释，即虽然两支立杆都严格地垂直于地面，但它们并不是平行的。这种情况只有当地面是弯曲的时候才可能发生。

埃拉托西尼的发现并没有让古希腊人感到特别意外。他们早就怀疑大地的形状可能是弯曲的，因为他们很熟悉在大海中航行的船。在远处的船看起来总是在地平线上从船的最上部开始出现。如果大地的形状不是弯曲的，怎

● 现代望远镜和照相方法揭示了夜天空的大量细节；然而古希腊人却完全是根据对如本图（御夫星座）所示的恒星的肉眼观察，开始推测宇宙的本质。

● 很长时期中人类对宇宙的看法是，地球处于宇宙的中心，天空就像一个巨大的盖子，上面有许许多多的洞，外面的火光从洞中透过来，就成了闪烁的星光。

么会有这种现象发生呢？对于埃拉托西尼的发现来说，可能这里最重要的一点是，他在得到结论时使用了数学和推理的方法。埃拉托西尼把细心的观察与训练有素的理论思维结合起来，从而建立了一种可以用来科学地研究宇宙的基本方法。这正是我们今天还在使用的研究方法。但这种方法在当时并没有被古希腊人立刻接受。他们倒是对圆形和球形的特殊重要意义坚信不疑。一种关于地球是球形的理论恰恰就是一种在显示球形的完美无缺的理论，而这也正是埃拉托西尼的实验所得到的结果。埃拉托西尼的观点同时也能解释，为什么在萨摩斯和亚历山大看到的夜空是不尽相同的。它也对亚里士多德对月食的观察给出了进一步确认（亚里士多德曾指出假如地球不是球形的而是其他种类曲面形状的，那么地球就不会总在月球上形成一个圆形的影子）。而且，在重复进行了立杆实验和另外一些观测之后，得到的结果总是相同的。这就是基础科学，埃拉托西尼和他的古希腊同胞们科学地证明了地球是球形的。

埃拉托西尼并没有停留在这一点上止步不前。他进一步地推论，人们可以

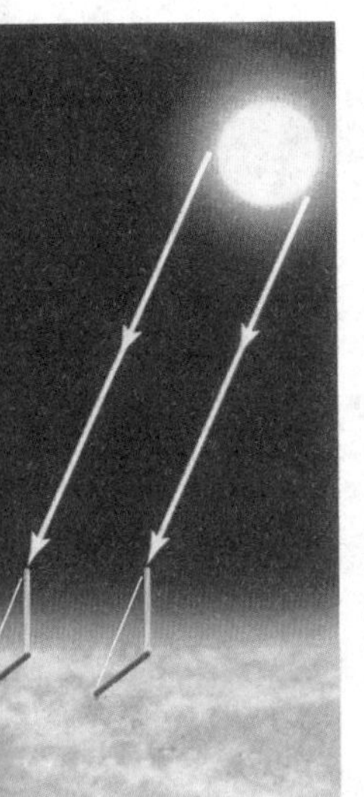
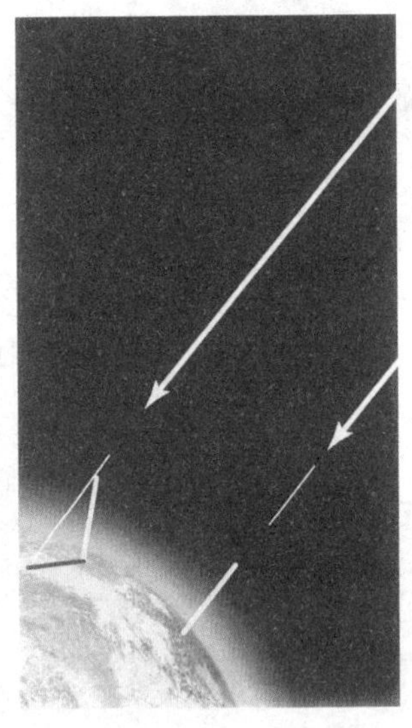

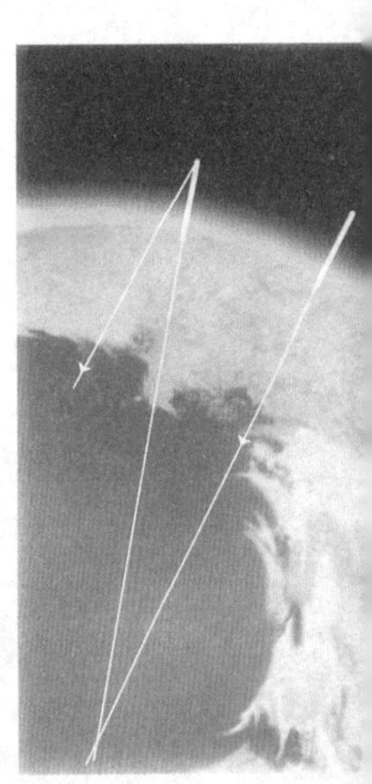

● 埃拉托西尼的立杆和影子的实验。

沿着每一支立杆画一条想象的延长线到地球的内部，那么两支立杆延长线的交点必然就是地球的中心。再次使用欧几里得几何学，就可以计算出两条延长线的夹角。如果一支立杆处在太阳光垂直照射而没有影子的状态，那么上述夹角的大小应该等于另一支立杆和从它的顶端到它的影子末端之间连线的夹角。这一点听起来好像颇为复杂，但是只要通过一张简单的图就很容易明白。

显然，埃拉托西尼是知道从阿斯旺到亚历山大的距离的（换句话说就是他的两支立杆之间的距离）。所以，他也就知道了上面那个夹角所对应的在地球表面的弧长。根据这个弧长及其对应的角度，他也就能计算出整个地球的周长的大小。这样，他就不仅证明了地球是球形的，他也得到了一种可以测量地球周长的方法。埃拉托西尼得到的关于地球周长的结果与我们今天的结果非常接近。

球形的和谐

这的确是向前迈进了一大步。人们找到了一种可以测量、计算整个地球周长的方法，这意味着人类认识宇宙本性时可以依靠的手段不仅有观测，还有更重要的数学。在一段时间里，以毕达哥拉斯为首的希腊哲学家又引进了

- 古希腊人对于当代的技术能够揭示什么东西当然没有任何概念，但他们看到的东西足以使他们确信，宇宙的运转依赖于理想的圆形和球形的无与伦比的美。

数学上的奇迹。最早计算得到的是地球到月球和地球到太阳的距离(非常不幸的是这些计算结果误差很大，但所使用的计算方法后来进行了改进，并延续使用了很多个世纪)。古希腊人使用的数学原理堪称是完美的，问题是出在他们的测量精度太低，这就影响了他们成就的辉煌。

毕达哥拉斯在音乐中看到了数学，并设想任何事物都能用数学公式进行解释。毕达哥拉斯提出了一种名为“球形的和谐”的万能理论，试图用科学而又严谨的数学来支持希腊人对球形和圆形的尽善尽美的传统信念。然而，这种对和谐的数学描述过分的企求，却得到了一些极不完美的数值(毕达哥拉斯猜想这不应该是深藏于万事万物之中的原始基本数值)，他的观点也因此而有些黯然失色。尽管如此，数学的引入毕竟为人类科学地认识宇宙提供了一种崭新的方法，它能取得的成就会远远超越仅仅用肉眼来观测星空所得到的结果。然而，有些观测事实却不容易用数学来解释。其中一个就是构成夜空的群星排列中的“缺陷”。古希腊天文学家喜帕恰斯(他的名字又被译为“伊巴谷”。——译者)曾经指出，有一些星星并不像大多数星星一样看起来总是停留在固定的位置上。这些“漫游的星星”会沿着一个方向运动然后消失，而后还会再度归来。它们的亮度也会时时地有所变化。这是不是另一个数学上的不规则性，它会导致毕达哥拉斯的关于“完美的和谐”的观点威风扫地吗?

在今天我们对宇宙的认识中，还留存有喜帕恰斯所作观察的影响。至今我们还在使用希腊语中的“漫游者”一词(“planetos”，即中文中的“行星”)来称呼喜帕恰斯注意到的那些特殊星星。在说明宇宙的图景中，必须对这些没有被叫作恒星而被称为漫游者的行星在夜空中的运动给出解释。在当时，肉眼直接可见的行星有五颗，即水星、金星、火星、木星和土星。古希腊人不仅认为脚下的大地是球形的，并且大地给人们以坚固和稳定的感觉，人们是站在地上来观察行星等天体的运动的。那么是否存在一个明晰的数学模型，能够说明我们看到的太阳、漫游者及其他一切天体围绕我们运动的情况呢?

希腊人对行星运动坚持不懈的观测使得他们能描绘出行星运动的路径。人们很快意识到，这些路径的一些片断是弯曲的。它们会是圆周上的片段吗?柏拉图曾经对希腊的哲学界发出呼吁，希望人们注意研究怎样才能用一个完美的圆周系统来解释行星的奇怪的运动路径。如果这些行星与月球和太阳一样，是在围绕着地球旋转，那么对称的思想就取得了胜利，宇宙具有数

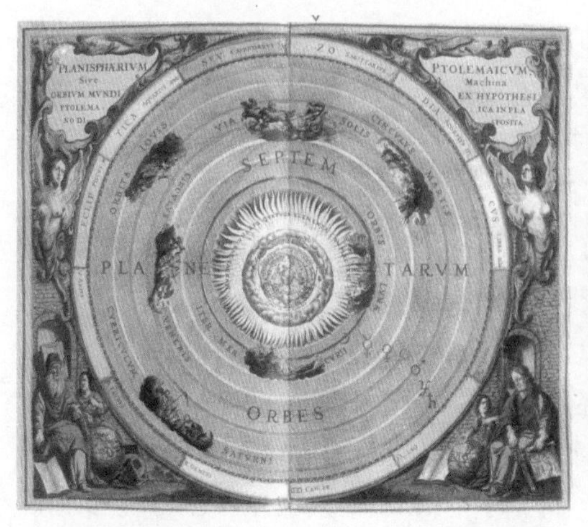

● （左图）中世纪的学者们总是把托勒密的宇宙模型描绘成一系列以地球为中心的圆形轨道。可是托勒密本人（右图）却只能让太阳、月亮和行星围绕地球运动，并且要在它们的基本轨道之上附加复杂的本轮。

学上的完美这一概念就确立起来了。这种情形也恰恰是亚里士多德所设想的。

在轨道中嵌套着轨道

关于行星问题的若干种不乏灵感的创意被提了出来。其中一种认为，如果地球事实上不是处于一颗行星轨道的严格的中心点上，那么在轨道上的某一点上，地球离这颗行星是最近的；而在轨道上和这一点遥遥相对的那一点上，就是地球距离行星最远的位置。这一假设可以解释行星亮度的变化，但却不能解释行星在天空运动方向的变化。另一种假设认为，行星总体上在圆轨道上运行，而地球则位于这个轨道的中心，但行星同时完成着附加的小圆周运动。这种小圆形轨道叫作本轮，本轮使得行星在一个小圆形轨道上环绕一个中心运动，而这个中心又在一个标准的大圆形轨道上围绕地球运动，这个大圆形轨道称为均轮。这种情况也会导致行星到地球的距离时时有所变化，因而可以解释行星亮度的变化，还可以解释行星的回归现象。可是，这种模型也没有获得成功。因为没有一个实际观测到的行星轨道和它很好地相符合。

到了公元 2 世纪，一位天才的天文学家把上述两种假说结合起来，创立了一种新的理论，他就是托勒密。托勒密认为，行星确实在本轮上运动，但地球并不是严格地位于行星的均轮的中心点上。根据这种理论，托勒密排列

● 早期的宇宙模型常以图画表现出来。它们同样具有艺术性和科学性，并且是学者们确信可以用科学来解释整个宇宙的生动反映。

出了水、金、火、木、土五大行星和太阳、月球一起围绕着地球运动的轨道模型。在所有这七个天体轨道的外面还有一个像蛋壳似的大球，在这只大球上面有着位置固定不变的恒星。托勒密将地球放在与七个轨道的中心的距离各不相同的地方，并给每个轨道添加了若干本轮。这样一来，行星的亮度变化和不规则运动等在地球上观测到的现象都可以得到很好的解释。至此，从亚里士多德到毕达哥拉斯和柏拉图，看来都可以如愿以偿了。用球形和圆形就能把宇宙解释得天衣无缝。

托勒密和其他学者们忽略了的一点是，上述的模型可以把任何轨道都包括进去，而不管该轨道的真实形状如何。如果一颗行星在轨道上运行的实际时间多于它在一个标准圆形轨道上运行的预期时间，那么这部分多出来的时间就可以很容易地用它在途中的一系列反向本轮运动来消除。只要改变这些

本轮的直径大小就可以和任意长短的时间段相符合。但是，由于地球为稳定中心，其他一切都围绕地球运动的观念是如此令人信服，以至于托勒密这种宇宙观在好几个世纪中占据了统治地位。托勒密的模型至少有一个致命的问题。为了让月球轨道完全符合这个理论，月球就必须在某一时刻比另外某一时刻以相差一倍的距离更接近地球。而这就意味着月亮有时候要比另外的某些时候看起来大一倍。这个问题的存在给托勒密的模型留下了很大的疑点。可是，在那个时代，对于解释当时观测到的现象来说，托勒密模型还是近于完美的。它可能不是第一个关于宇宙的科学模型，但它是今天我们对宇宙认识的一个基础。这个模型还有一个很大的优点，即它没有冒犯任何人。多数宗教都能够在它们那更广义的宗教信仰框架中为一个球中之球的宇宙找到一个该有的位置。甚至不如说，宗教人士可以宣布他们接受科学上的新发现作为他们的教义的新版本，从而加强宗教的吸引力。如果是他们所信仰的神创造了宇宙，那么科学不过是在解释宇宙的本质是什么和宇宙是在怎样运作的。

长梯第一阶

托勒密的模型最终被证明是错误的这个事实，倒不会让人们为此而感到难堪和窘迫。科学必须建立一些假说，这些假说不但要接受检验，还必然要受到它们所产生时代的限制。假说只有在受到实验和观测的事实支持的时候，才有作为科学学说存在的价值。科学不能保证它是永远正确的，它只能不断地摒弃错误的假说和建立起在某个时段中是对实验事实的最好的解释的理论。不管在古希腊人的诸多理论中有多少错误，他们还是成功地代表人类占领了事实上是导致了我们今天的宇宙学说的认识阶梯的第一层。如果没有他们，可能就没有斯蒂芬·霍金的被点燃的构筑他自己的宇宙模型的激情。托勒密，以及他之前的喜帕恰斯和埃拉托西尼建立起来的宇宙模型是占据统治地位时间最长的模型。而这个模型赖以建立的基础不过是肉眼得到的观测事实、几次立杆和影子实验结果以及闪耀着夺目光芒的人类智慧之火。

• 是神在宇宙的中心创造了地球吗？或者，我们只不过像这位画家所认为的，乃是从另一个天体上观看到的宇宙戏剧中的次要事物吗？
对于早期基督教教会来说，一切都是无可怀疑的；人类必须在万事万物的中心。

第二章

为难的教会

哥白尼的革命

思索者与信息收集者

伽利略的异端邪说

牛顿的不可抗抗之力

托勒密的宇宙模型早已被作为古代宗教之一的基督教所接受。在耶稣被钉死于十字架上之后，基督教在欧洲很快地传播开来，而相形之下其他宗教都黯然失色了。在基督教的教义中，一个主要的内容就是神创造了世界，包括在万物之中心地球上以亚当和夏娃为原型的男人和女人。而这些内容与托勒密的地心宇宙模型完全符合与相互融洽。逐渐地，教会成了学校的唯一赞助和保护人。在学校的启蒙中就必须有基督教教义，而只有教会才可以指导人们诵读这些教义。所以，实际上所有有学习愿望的人都必须拜倒于教会的威严之下。这就意味着，当时的科学家同时必须又是教士或者僧侣，科学研究与宗教布道相伴而行。科学家们在滔滔不绝地讲着在托勒密的宇宙中上帝创造万物的故事。科学与宗教俨然合二为一了。

哥白尼的革命

托勒密的模型很自然地独领风骚，一直到 16 世纪之前，并没有受到任何有力的挑战。原因一是它完全符合教会的教义，二是当时没有出现新的技术使人们的观测条件得到明显的改善。然而，新的思想还是出现了。波兰教士尼古拉斯·哥白尼提出了这样的思想，在托勒密的模型中，需要在行星轨道上附加太多的本轮来调整轨道周期，以适应观测结果。如果假设太阳是宇宙的中心，其他天体都在围绕太阳旋转的话，那么就用不着人为地加上如此之多的本轮了。但是哥白尼清楚地知道，这种观点肯定会被教会视为异端邪说，因为上帝是在位于宇宙中心的地球上创造了人类。这是在 1543 年，哥白尼要发表他的观点实在需要一种非凡的勇气。为了一试“深浅”，哥白尼首先故意让他的观点匿名流传，如果不会招灾惹祸的话，他再承认这个观点是他首先提出来的。而恰在这之后，哥白尼便一病不起了。他

● 尼古拉斯·哥白尼（1473—1543）对托勒密宇宙模型进行了彻底的变革。他认为处在宇宙中心的不是地球而是太阳。

的一位名叫赫提卡斯的书记员在此时竭力说服他公开他的有关著作。

有一点奇怪的是，当时在教会方面对哥白尼的学说倒是没有什么反应，这也许是因为哥白尼还没有引起他们足够的注意。新的模型虽然使托勒密的模型简化了，但它自己也具有一个严重缺点：即使行星是围绕太阳运行的，对行星运动的观测结果还是证明它们不完全符合哥白尼提出的圆周运动。因此新模型只能对旧模型中的本轮理论做一点并非无懈可击的改正。也由于是这样，这种改正还没有大到能威胁在几百年中建立起来的“秩序”，也就没有发展到引起教会注意的程度。但是，哥白尼学说却成功地引起了当时科学家们的重视。

思索者与信息收集者

最早注意到哥白尼学说的科学家之一是约翰尼斯·开普勒，一位德国天文学家却长期生活在布拉格。开普勒几乎没有任何机会进行天文观测，但却是一位长于思考的理论家。他曾经想弄清楚究竟是什么原因使一个天体围绕另一个天体运动，并提出可能有一种磁力在其中起作用的思想：如果磁力的大小是恒定不变的，那么就会使天体之间的距离也恒定不变，这就会导致天体的圆周运动。但开普勒却极不赞成这种力在很远的距离上也能起作用的观点。

开普勒必定曾经为他的另一个灵感的出现而激动不已。他想到了天体可能有圆形以外其他形状的轨道，如椭圆，这会对哥白尼的学说有重要意义。换句话说，如果行星都在围绕太阳而不是地球运动，而且轨道是椭圆形的，那么每个行星的轨道就都会是一直向前的，也就不需要附加上那些复杂的本轮来进行调节了。行星的运动就都可以用简单、优雅的轨道来描述。可是，这种观点显然会“冒犯”当时大多数人所信仰的行星的基本轨道是完美的圆形的观念，同时它也否定了开普勒自己曾主张的磁力理论。那么，该怎么办呢？继续向前探索的唯一出路就是收集更精密的新观测资料来更精确地确定行星轨道。

开普勒听说过另一位科学家的工作可能对自己有所帮助，这位科学家就是第谷·布拉赫。第谷比开普勒年长，而且由于出色的天文观测成就名声卓著；另外他在丹麦宫廷中还位高权重。在那时的欧洲，天文学家或数学家被大权在握的国王选任为顾问是一种惯例。作为对他们的占星术预言可以对国王做出某种政治决定有所帮助的回报，这些有影响力的侍臣的科学工作也经常会得到来自王室的支持。丹麦国王特别赐予第谷·布拉赫一个小岛，让他在那里进行天文观测。第谷还主持制作了一些精度更高的观测仪器（虽然这些仪器只是比希腊人在他们的立杆实验之后的时代制造的仪器稍微精巧些）。开普勒了解到，第谷画出了系统的天区图，进行的观测比以前更多、更精确。

在此之后发生了一些故事，尽管关于这些故事的说法有些不同，其中最有吸引力的“版本”可能是杜撰的，开普勒还是决定不辞辛苦进行穿越欧洲的长途跋涉去寻找第谷，目的是看看他的观测结果是否支持自己关于椭圆轨道的设想。

如果这个说法是真实的，当开普勒最终抵达目的地时肯定大失所望了，这位丹麦天文学家断然拒绝会见开普勒，原因可能是害怕开普勒使用他的观测数据来得到并公布最新的宇宙学说，而第谷却从中一无所获。第谷是一个极其细致的观测者，但缺乏创见来解释他的观测资料。第谷不情愿面对这种可能，开普勒在没有进行观测的情况下通过思考得到了的有意义的结论，而他却与之失之交臂。

据说，后来开普勒两手空空地回到家乡。而第谷继续进行着他艰苦的观测工作，但仍然不能理解那些观测结果的真正含义。终于他有了一个主意。也许，如果他只把对一颗行星的观测数据交给开普勒，他就能了解开普勒的工作，他也就能知道如何解释其他行星的运动了。这样，开普勒得到的好处是弄清楚了一颗行星的运动，而第谷得到的好处却是弄清楚了所有行星的运动。有人说，后来第谷不远千里去找开普勒，把关于火星的观测数据送给他。开普勒当然非常高兴，特别是当数据显示出火星轨道必定为椭圆形的时候。可以想象第谷在被开普勒告知不再需要其他行星的观测数据时心情有多么沮丧。火星轨道的数据就足以证明行星的轨道不是圆形的，所有行星的轨道看来必定都是椭圆形的了。

可惜的是，真实故事是真的，往往不像传奇故事那样引人入胜。丹麦国王死后，他的继承人解除了第谷的职务。一些人说，这位天文学家空虚自负而又傲慢自大，因此很难相处，除了老国王以外没有人对他有好感。第谷后来在布拉格得到了新的宫廷职务，因为他认识开普勒，就让开普勒做了他的助手。可能一直到第谷垂垂老矣的时候，他还没有弄清楚他精心观测所得的数据对宇宙来说意味着什么。这时他却感到了死亡的恐惧。虽然第谷和开普

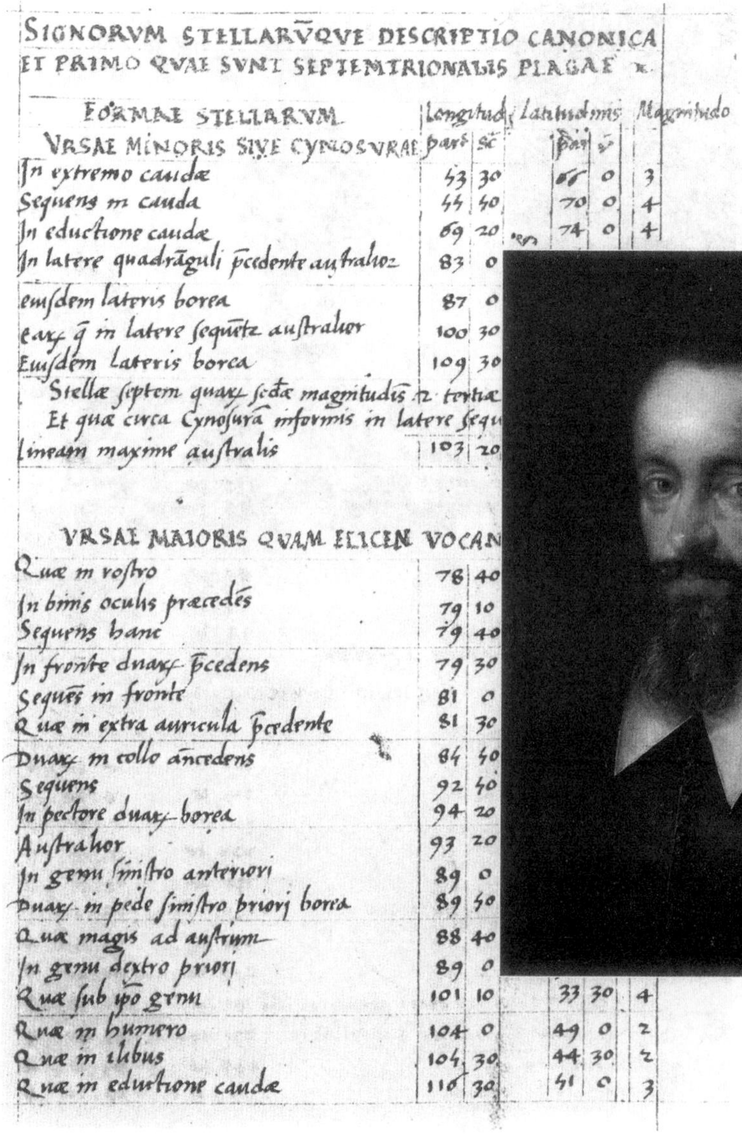

SIGNORVM STELLARVQVE DESCRIPTIO CANONICA
ET PRIMO QVAE SVNT SEPTEMTRIONALIS PLAGAE

FORMAE STELLARVM	Longitudinis		Latitudinis		Magnitudo
VRSAE MINORIS SIVE CYNOSVRAE	pars	sc	pars	sc	
In extremo caudae	53	30	66	0	3
Sequens in cauda	55	50	70	0	4
In eductione caudae	69	20	74	0	4
In latere quadrāguli pcedente australioz	83	0			
eiusdem lateris borea	87	0			
earū q̄ in latere sequētē australior	100	30			
Eiusdem lateris borea	109	30			
Stellae septem quarū secdae magnitudis 2 tertiae					
Et quae circa Cynosurā informis in latere sequ					
lineam maxime australis	103	20			

VRSAE MAIORIS QVAM ELICEN VOCAN					
Quae in rostro	78	40			
In binis oculis praecedēs	79	10			
Sequens hanc	79	40			
In fronte duarū pcedens	79	30			
Sequēs in fronte	81	0			
Quae in extra auricula pcedente	81	30			
Duarū in collo āncedens	84	40			
Sequens	92	50			
In pectore duarū borea	94	20			
Australior	93	20			
In genu sinistro anteriori	89	0			
Duarū in pede sinistro priorj borea	89	50			
Quae magis ad austrum	88	40			
In genu dextro priorj	89	0			
Quae sub ipo genu	101	10	33	30	4
Quae in humero	104	0	49	0	2
Quae in ilibus	105	30	44	30	2
Quae in eductione caudae	116	30	51	0	3

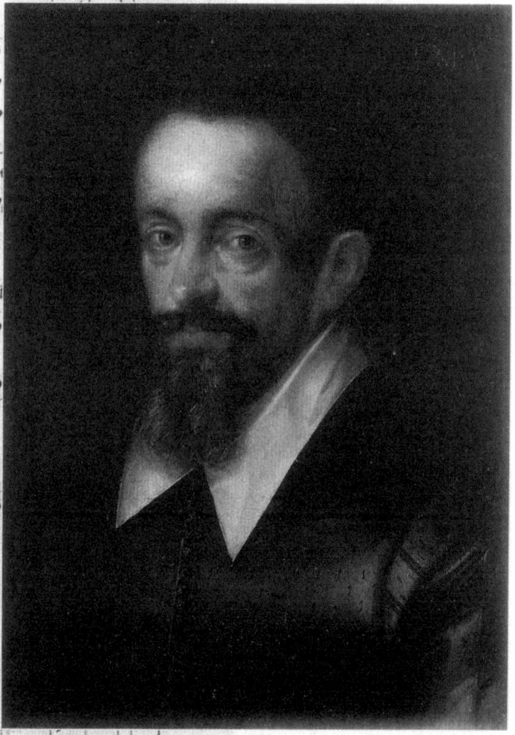

● （上图）约翰尼斯·开普勒建立了一种理论支持了哥白尼的日心说。

● （左图）保存完好的哥白尼观测星星的详细记录，其中仔细注明了星星的位置和亮度。

● 第谷·布拉赫（左图）。他在望远镜发明之前使用像六分仪（右图）这样的仪器通过肉眼观察来精确测定星星的位置。

勒无疑始终未能非常融洽地相处——他们每人都暗自想证明自己心爱的理论是正确的，但开普勒的确是成了第谷的助手，他们两个有相当多的时间在一起工作。他们一起研究第谷的火星观测数据。但直到第谷逝世多年后的1609年，开普勒才发表了关于行星的椭圆轨道的理论。尽管在第谷和开普勒之间曾发生过戏剧性的对抗，他们最终还是在一起共事了。第谷的精心观测和开普勒极具洞察力的理论，这二者对行星椭圆轨道的发现具有同等重要的意义。行星是在椭圆轨道上围绕太阳运动而不是围绕地球运动，如同哥白尼所预言的那样。可是，第谷在他含辛茹苦所进行观测的价值为公众真正了解之前就已辞世了，这是很令人惋惜的。

伽利略的异端邪说

很是奇怪，教会方面仍然没有明显的反应。也许是布拉格和丹麦在地理上距离欧洲的中心都很遥远，实在不值得担心。这时，意大利的起领导作用的科学家伽利略·伽利雷却仍然在告知他的学生们“地球处于宇宙的中心”。

● 第谷 · 布拉赫的小岛天文台有一些结构巨大、造价昂贵的仪器。

● 伽利略·伽利雷（1564—1642）。他制作了一些非常简单，而且基本结构相同的望远镜。这些望远镜（右图）无疑是属于伽利略的。但现在没有人能知道其中是否有伽利略用来做出导致他与教会之间冲突的历史性观测的那个望远镜。

伽利略本是在帕度亚工作的一位数学教授，他因为在科学上的成就而闻名于世并受到广泛尊敬。除了认为他堪称科学家的典范之外，还有一种说法认为伽利略是声名狼藉的剽窃他人成果来欺世盗名的人。至于相信哪一种说法，那就取决于人们相信哪一种说法了。斯蒂芬·霍金则坚定地把伽利略尊为现代科学之父。这部分地是因为，如果一种新的科学观点还没有被实验所充分地证明的话，伽利略肯定会拒绝讲授它；而一旦伽利略认为是被科学证明了是真理的东西，他就会无所畏惧地坚持到底，不管这会给他带来多少困难。

不管人们怎样看待伽利略的工作，他对现代科学所做出的巨大贡献是无可否认的（*顺便说一下，伽利略死去正好300周年的时候，斯蒂芬·霍金诞生了。这是一种巧合，与他们二人在人类对宇宙的认识方面做出的贡献无关，但却很有趣*）。

伽利略在发现运动定律方面做出了颇有意义的工作。例如，他通过计算得出：当一只球从高处下落时，不管球的大小如何，其加速度总是不变。这可以通过在一个斜坡上让两个大小重量都不相同的球同时滚下来的实验来证明，不一定非要凭借在比萨斜塔上来做两球同时下落的实验。在伽利略使用的斜面实验中，对运动的球的观察和时间测量都要容易得多。由此，伽利略的工作使得人类在对重力的认识方面迈出了前进的第一步，这无疑是非常重要的科学进展。可是，对伽利略来说，也许一件更有意义的事情是，他所得到的某些观测结果最终引发了教会与科学之间的一场严重的冲突。

事情的原委是伽利略在工作中引进了技术方面的新进展，即刚刚发明不久的望远镜。在最初发明望远镜时，伽利略并没有做出很多贡献。人们早就把玻璃透镜作为放大镜使用了，可是单个透镜的放大倍率是有限的。据说，

在一个很偶然的机会里，有两个正在阿姆斯特丹的出售仪器的商店里玩耍的儿童发现，同时通过两个透镜来观察会看到很不同寻常的景象。于是店主就把两个透镜安装在一个筒子里，每个透镜固定在筒子的一端。这个店就开始把这种设备作为一种放大仪器来出售。荷兰科学家里文霍克还把这个装置用作显微镜。在此之后的1609年，伽利略把它用作望远镜而对准了天空。使用望远镜的观察结果足以使伽利略相信，哥白尼的宇宙模型是正确的，位于宇宙中心的的确是太阳。于是，这位意大利教授毫不掩饰地大声疾呼了——至少是对教会疾呼——科学绝不能再支持托勒密的以地球为中心的宇宙模型了。

借助望远镜所得的观测结果说明，关于宇宙是由完美的圆形和球形组成的这种看法是非常值得怀疑的。也正是因此，使得伽利略很快改变了原有的观念。比如，在比较近的可以仔细观察的球形天体上，都存在着某种“缺陷”，像太阳黑子、月球上陡峭的环形山等。但是，直接致使托勒密的宇宙“寿终正寝”的，是伽利略用他的望远镜观测到的另外两种现象。一个是发现了正在围绕木星旋转的几颗卫星（教会之所以支持托勒密，很重要的一点是因为他的模型认为地球是宇宙的中心，其他天体都在围绕地球运动。可是，现在却发现了有的天体居然在围绕另外的天体运动），另一个是发现了金星表面存在着阴影区域。在研究了金星阴影随时间变化的规律之后，一切都再清楚不过了，金星是在围绕太阳运动。这一结果对托勒密地心宇宙来说，简直是致命的一击。看来，哥白尼很可能是正确的。

这一次，教会方面可不像以前那样面对挑战而泰然处之了。这可能是由于以下三个方面的原因。第一，它不能容忍伽利略的观点广泛流传所带来的冲击。因为伽利略的有关著作不是用学术色彩浓厚、影响面有限的拉丁文出版的，而是用影响面更广的意大利文出版的，所以有越来越多的公众支持伽利略，于是一些较为保守的教授纷纷敦促教会重申托勒密学说的正确性。第

● 由于伽利略也是一位十分成功的公众人物，因而到处都有人跟着开始自己观察天空，想看看伽利略看到过的东西。

二，伽利略指出了《圣经》的内容与普遍的理念及科学意识相冲突，他实际上对《圣经》进行了讽喻。他甚至说，任何人如果还看不出有证据能证明地心说是错误的，那简直就是执拗加愚蠢。这等于是在说教皇和他的顾问们是一群白痴，无异于“亵渎神明”。第三，当时新教的兴起对天主教会是一个威胁。看来是教会重振它的权威和重申它传统的世界观的时候了。1616 年，教会方面宣布，哥白尼学说是错误的，并勒令伽利略放弃该学说。

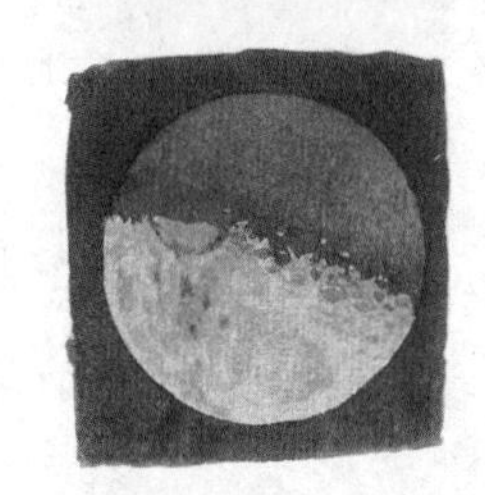

● 由于没有其他办法来记录观测结果，伽利略便用这些素描来表示他在望远镜中观测到的月亮的不同相位。

如果伽利略还想在别的领域继续从事科学工作的话，他除了沉默以外几乎没有别的选择。阐明宇宙本质这个问题可能还说不上有压倒一切的重要性，不值得为它放弃所有的东西。伽利略还是按照教会要求的做了。1623 年，他的顺从似乎得到了回报。一位新教皇上任了，他和伽利略成了好朋友。于是伽利略要求教皇撤销 1616 年的判决。可是这位教皇对教会政治问题很敏感，他只同意进行一种折中处理。这种“让步”式的处理是，伽利略可以出版他的著作，在书中伽利略要同时介绍托勒密和哥白尼的宇宙学说，但是不能在二者之间倾向任何一方。而且教皇还坚持要伽利略在书中说明，从根本上来说，以人的能力去理解宇宙是不可能的，因为若是如此则将对全能的上帝产生不利影响（非常有意思的是，这位教皇的态度与 300 多年后的今天斯蒂芬·霍金和其他一些科学家在对今天的教皇介绍最新的宇宙理论的时候所得到的反应是很一致的）。伽利略开始撰写他的新著作，虽然他按照教皇开列出的全部条件行事，新书仍唤起了更多的人对哥白尼学说的支持。伽利略简直找不到一个对托勒密模型有利的事例——他当然也绝不想这样做，而且还如实地介绍了他通过望远镜观察所得到的结果。最终，教会把伽利略送上了教会法庭，在那里对他判处了本宅软禁。伽利略还被迫第二次放弃哥白尼学说。可是，这一切已经太晚了。虽然伽利略服从了教会的训令，但出现了一种新的科学的宇宙学说这件事已经广为人知，它很难再被宗教教义所扼杀了。

• 1979年，旅行者号行星际探测器拍摄了木星及其卫星的照片。伽利略认证了其中四个最大的（从左到右）：木卫三、木卫二、木卫一和木卫四；但他用他那原始望远镜所看到的全部东西不过是四个位置逐日变化的“点”而已。

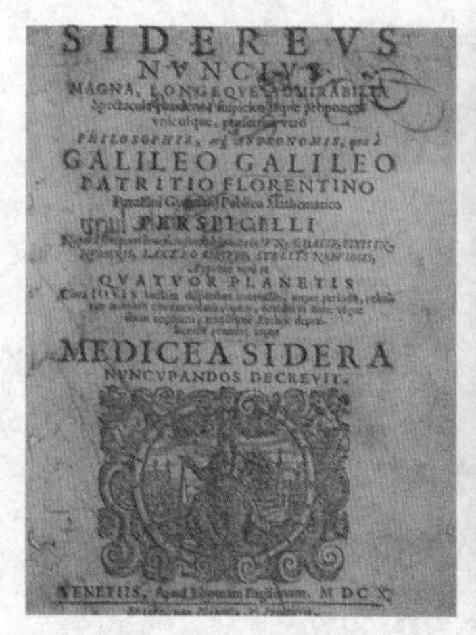

SIDEREVS
NVNCIVS
GALILEO GALILEO
PATRITIO FLORENTINO
PERSPICILLI
QVATVOR PLANETIS
MEDICEA SIDERA
NVNCVPANDOS DECREVIT.
VENETIIS, Apud Thomam Baglionum. M DC X.

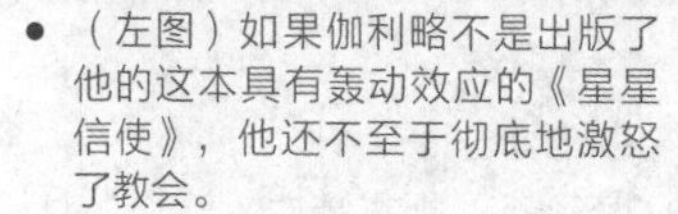

- （左图）如果伽利略不是出版了他的这本具有轰动效应的《星星信使》，他还不至于彻底地激怒了教会。

- （右图）约瑟夫－尼古拉斯·罗伯特－弗勒里（1797—1890）所作的绘画，描述伽利略在1632年面对教会方面的指责而为自己进行辩护。在这稍后宗教法庭就对他进行了宣判。

禁锢知识绝对难以持久。没过多久，教会方面也有了使它自己与科学观察的结果一致起来的愿望。开普勒的关于椭圆轨道的发现和伽利略的观测结果，都是导致支持哥白尼宇宙学说的直接因素；还有唯一一个尚未找到答案的问题是，是什么力量推动了行星在轨道上运行。如果这个问题也弄清楚了，那么教会就必须承认它的失败了。对于教会来说，现在最需要的是找到一个办法，一方面能调整它的观点，另一方面又避免看起来完全改变了原有的主张。

牛顿的不可抵抗之力

是伊萨克·牛顿并非有意地给教会提供了一个下台阶。在大多数人的心目中，牛顿当然是与苹果从树上落到地下的故事以及引力定律的发现联系在一起的，实际上牛顿在科学的其他领域也做出了巨大的贡献。一些人认为牛顿堪称“现代科学之父”，就像斯蒂芬·霍金对伽利略的评价那样。说到底，对现代科学来说，这两位科学家都是至关重要的。牛顿发展了伽利略的工作，他用一系列数学公式描述了力和受力物体的关系。

虽然牛顿在学生时代没有受过好的数学训练，但他却凭着在数学方面的天赋成为剑桥大学的卢卡斯数学教授——就是斯蒂芬·霍金现在的职位。牛顿所做工作最核心的思想是，如果不受外力作用的话，任何物体都将保持匀速直线运动状态。如果物体静止下来，那么一定是有一种外力阻止了它的运动，比如摩擦力和空气的阻力会使滚动的球静止下来。如果一个物体做加速运动或减速运动，或是改变了运动方向，那么一定是由于有外力作用于其上的缘故。

牛顿用数学方法表示了物体运动速度和方向的变化总是与物体质量和作用力的大小有关。物体的质量是与该物体的大小和重量相关联的一种特性。更准确地说，物体的质量可定义为，与物体在得以启动时所需外力的大小有关的，或者说在物体运动中加速时所需外力的大小有关的一种物理量。

上述的运动定律直到今天还被认为是物理学的基础而在课堂上讲授，理解了它就可以进而正确理解引力。牛顿指出，每一个物体都用一个叫作引力的力吸引其他任何物体。一个有着巨大质量的物体可以把质量小的物体吸引到自身之上来。正因为如此，苹果才会掉到地球的表面之上。实际上，苹果也在吸引着地球，只是因为地球质量远大于苹果的质量，所以地球朝苹果移动的距离微乎其微、无法觉察到罢了。也是因为如此，看起来这种吸引就

● 伊萨克·牛顿。他的家庭背景并不很好。

● 落地的苹果也许对牛顿有所启发，但他的引力理论中所用的复杂数学，说明他为了提出这个完美的理论，必定花费了很多精力，而绝不仅仅是顿悟的一闪。

像苹果掉到地上那样，都是沿着一个方向的。引力是很微弱的，把两个大小差不多的苹果一同放在桌子上，尽管它们之间有很小的引力，却不会吸聚到一起来。而且物体间的距离越大，相互间的引力也就越小。

以上的结论与伽利略观察到的结果完全一致——两个大小、重量不同的物体总会以相同的速度落向地球表面。地球的质量与一个人可以在地面上抛出的一般物体质量相比较，是非常巨大的。被抛出物体间的质量差在数学方程中的影响则完全可以忽略不计。这就有点像狂风大作时，风施加在橡树叶子上力的大小与风施加在桦树叶子上力的大小间的差值，完全可以被忽略不计一样。

可是，当考虑的是质量巨大的物体——例如太阳、月球和行星与地球相互作用的时候，牛顿意识到，即使是在距离遥远的情况下，它们之间的引力也是至关重要的。如果没有其他外力作用的话，所有这些天体会在空间沿着某个方向移动，这种运动一般都是直线运动，除非某个天体足够接近另一个天体并对后者施加引力。引力可能还不足以大到使两个天体撞到一起，但它会使运动中天体的轨道发生弯曲。于是，在两个天体的质量、运动速度、方向及距离处于一种合适的均势条件下，就会出现质量较小的天体围绕质量较大的天体旋转的情形。

牛顿提出了一个方程来表示这种关系，并且试着把这个方程用于太阳系。当他将这个和引力有关的数学公式应用于开普勒的椭圆轨道时，发现二者符合得非常好。火星、木星、土星的轨道都完全正确。但后来发现通过公式得出的水星轨道与实测的稍有偏离。考虑到所用的公式在计算其他行星轨道时都很精确，计算水星轨道时所发生的问题就被认为是观测误差造成的。由此得出的结论十分清楚，哥白尼和开普勒是正确的。牛顿终于发现了，是万有引力维系着行星在椭圆轨道上围绕太阳运动。

300多年前建立起来的牛顿定律，直到今天还在用于计算人造地球卫星的速度和运动轨迹，其结果有着足够高的精度。牛顿取得了天才的辉煌成就。由于证据确凿，教会方面不能再否认是太阳位于宇宙的中心而不是地球位于宇宙的中心了。使得教会比较容易地接受了日心说的还有牛顿的另外一个信念。牛顿不相信宇宙还有一个外部极限的看法——就是托勒密宇宙模型中那个在地球之外、上面镶嵌着恒星的大球。在牛顿的促进下，研制出了新的、威力更大的望远镜。使用这些望远镜进行更高精度观测的结果发现，并非所有的恒星都是固定不动的，它们中一些是在运动着，只不过这种运动慢得几乎察觉不到。由于牛顿运动定律的基本思想是认为任何物体都不会自然而然地处于静止状态，所以通过推理牛顿认为，所有的天体的表现都应该与较近的容易观察的行星相类似。它们都应该处于连续不断的运动之中。只要处于其他天体的引力场内，那么引力就会决定着它们的运动轨迹。如果所有天体都在这样不停地运动，那么宇宙的外部极限又该怎样勾画呢？从逻辑上说，宇宙没有

● 牛顿的名著《数学原理》。书名体现了牛顿取得成就的领域。他第一次用数学描述了宇宙，完全符合当时的观测结果。

● 猎户星座是大多数人都熟悉的，但通过望远镜拍摄的照片显示了比肉眼看到的要多得多的细节。

必要一定要有一个边缘。基于这种认识，牛顿假定宇宙没有边界，它在时间和空间上都是无限的。

● 牛顿的小型反射式望远镜，它向牛顿展示了更多的东西。牛顿是在反射式望远镜中加入一个平面反光镜的第一人。这使得他能用短得多的镜筒获得更高的放大率。牛顿的望远镜很小，但是却成了后来的巨型天文望远镜的原型。

虽然牛顿的这种观点在一定意义上与教会的教义相违背(按照牛顿的观点就很难为上帝创世确定一个准确的时间和地点)，但它至少还是支持了一种无限和永恒的观念，而无限和永恒正是教会要给神所赋予的性质。上帝是全智全能的，即有着无限的智慧和能力，那么他所创造的宇宙也应该是无限和永恒的，就像上帝自己一样。至于上帝如何做到这一点，则不是生命有限的凡人所能理解的了。这时，科学和宗教非常不容易地取得了一致，好在在这场观念与智慧的冲突中双方都没有受到伤害。教会方面承认了，在地球并非宇宙中心而不过是围绕太阳旋转的一颗普通行星这个问题上，科学是正确的。而且，教会也不能确认它在祈祷中常常提及的上帝创世到底发生于什么时候。可是在另一方面，科学的境况好不了许多，它不能说明为什么会存在一个宇宙。科学还不能解释关于牛顿的在引力“统治”下的无限宇宙的一个关键性问题：如果所有的物体在对其他物体施加引力，那么宇宙中所有的天体何以会彼此相距很远地存在如此之久呢？在一个无限和永恒的宇宙中，照理说，由于引力作用的存在，所有的物质都会因相互吸引而形成一个唯一的巨大的凝聚体，可是几千年来人们观察到的宇宙却并非如此。

尽管如此，由于牛顿的关于运动和引力的数学定律能极好地与观测事实相符，他的无限和永恒宇宙的观念很快被普遍接受了，就像以前托勒密的宇宙模型风行一时那样。可是，有一点与托勒密的地心模型不一样的是，牛顿的无限模型存在了刚刚超过 200 年，新的挑战就来临了。

- 牛顿认为，没有理由给宇宙的范围设定一个边界；恒星，比如金牛座（接近图片中央）和昴星团（上方的一小团恒星）方向上的许多恒星，有可能延伸到我们永远观察不到的距离处。但我们的观察所能达到的距离会有一个极限吗？

第三章
宇宙之光

昂首星空
彩虹中的全部色彩
多普勒效应
定位星系
膨胀中的宇宙

昂首星空

在牛顿的无限和永恒宇宙观念的激发之下，一股新的观察星空的热情出现了。得益于望远镜的威力越来越大，人们更着迷于在无限的宇宙中能看多远和都能看到些什么。牛顿想出了一种在望远镜光路中插入一面反射镜的方法，由此可以更方便地观察到更清晰的像，伽利略观察到的那些天体都被放大了和看得更清楚了。可是，当时这种技术的进步并没有在所有的方面都开拓出新的视野。确实，虽然观测行星和彗星给天文学家们提供了令人激动的新知识，但其他东西在改进了的望远镜中仍旧是一些亮点而已，它们不过是越来越多的恒星，几乎没有新的东西。对那些近距离的恒星更仔细地观察的结果，发现它们和古代人用肉眼观察的结果也几乎没有什么不同，是一些闪烁的点光源。

所以，天文学家们开始放弃在宇宙的更远处发现新型天体的打算，进而思索着看到的越来越多的恒星意味着什么。大约在 1750 年，托马斯·赖特 发现在夜空的某些方向上恒星有成团地存在的现象。于是开始出现了“我们自己可能也处于某个相似于我们观察到的那种恒星集团中”的思考。德国哲学家康德观测到了一种“尘埃云”或星云，并且指出这些可能是遥远的恒星集团，就像我们所属于的这种恒星集团一样。我们的恒星集团叫作星系，那些星云可能就是遥远的星系。直到今天仍然在使用星系这个名称。就在几乎与康德同时，法国天文学家查尔斯·梅西叶开始编制关于这些星云的天图，他想给宇宙描绘一个图景。

1785 年，威廉·赫歇尔和他的妹妹卡洛琳·赫歇尔发现了新的行星天王星；他们还在一些星云中分离出了独立的点源，并认为这些就是真正的尘埃和气体云中存在的恒星。1840 年，第三代罗斯伯爵威廉·帕森斯在爱尔兰中部的比尔城堡建造了他自己的“勒维汉”望远镜。这架望远镜重达 10 吨，是当时世界上最大的望远镜。使用这架望远镜最终确认了在星系中肯定有一颗颗的恒星存在。在小望远镜中看到的那些不规则的光斑，曾被认为是“不规则形状的恒星”或是被尘埃云包围着的恒星，现在就被认为是形状正常的、成群的恒星了，只不过单个恒星的光已经被整个星系的光芒淹没，以致看起来模糊不清了。

彩虹中的全部色彩

虽然通过观测正在取得新的知识，但天文学家们这时还是感到有些沮丧。如果人类能观测到的太阳系之外的东西只有一些成团的光点，那么仅仅通过观测似乎难以了解关于宇宙的更多的东西。也许到此就达到人类所能得到知识的极限了。这可真是虽然冷静但又有些可怕的想法。

然而就在这个时候，有另外一些科学家在他们的工作中取得了很重要的进展，尽管他们当时并没有意识到他们的工作和宇宙有什么关系。1816 年，德国的玻璃透镜制造家约瑟夫·冯·夫琅和费，在慕尼黑附近的实验室中测试他用来制造透镜的光学玻璃的特性。他发现，在使用人造光源时，会有一些不寻常的现象出现。于是他想看一看若是用太阳光作光源，在太阳光被折射后的多色光谱中会不会有相同的现象发生。太阳光被折射后会产生彩色的光谱，这是牛顿在 100 多年前就已发现的现象，也是今天小学里仍在讲授的初级物理知识。办法是通过一块三棱镜，一束光就会被分解成不同波长的光而组成光谱。光谱是明亮而多彩的光带，一端是红色和橙色，接下来是黄色、

- （左图）当越来越强大的望远镜窥探比近邻恒星更远的星空时，它们开始时看到的全部东西似乎都不过是越来越多的恒星而已。但是有些光点看起来并不是一颗恒星形成的精确的小光点，而是不那么规则的模糊光斑。托马斯·赖特（1711—1786）画出了这些想象中的星群（右图），来说明他对这些恒星如何聚集成群并形成看起来像一个模糊光斑的想法。

绿色、蓝色，一直到另一端的紫色。夫琅和费当初是想通过观察光谱来测试他的光学玻璃是否有缺陷，开始他用的是人造光源（给金属钠加热使其发出黄光）。他注意到，在被折射后的钠黄光光谱中出现了两个神秘的缺口——暗线，而且，暗线出现的位置在每次实验中都是相同的。因为黄光只是光谱的一部分，于是夫琅和费很想知道，在太阳的多色光谱中是否也会出现这种暗线。在他的测试透镜的精密实验条件下，他不仅观察到了彩虹般的光谱，还看到了整个光谱中都存在的许许多多的清晰的线，其中有明显的暗线，还有一些不太清楚的比较淡的亮线。在普通学校的实验室的条件下它们可能不能被观察到，但是夫琅和费却有条件清晰地分辨出它们。

接下来，夫琅和费试着分析除钠以外其他一些化学元素加热以后所发出的光。一些暗线依然出现了，只不过出现的位置有所不同。夫琅和费当时还弄不清楚是什么原因造成了这种位置的不同，但有一点可以肯定的是，对于一种元素来说，它的暗线系统与另一种不同的元素所发出光的暗线系统是不一样的。这种暗线系统实际上有点相似于今天在超级市场中用来标明商品价格和说明的条形码。可惜夫琅和费当时不知道，叠加在多色光谱之上的亮线和暗线构成的每一种图样，就是被加热发光的元素的光"指纹"，通过"指纹"就可以证认出相应的元素。当时夫琅和费所知道的，仅仅是这些暗线的存在，并且为了科学目的而应该公布这些实验结果。

现在我们知道，实际上这些谱线是特定波长的光。一种元素或者吸收这种特定波长的光——那它就制造了光谱中的暗线；或者发出这种特定波长的光——那它就产生出光谱

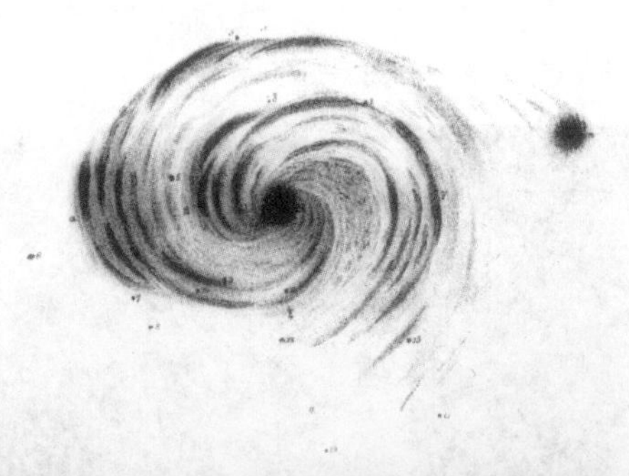

- （上）帕森斯画出了涡状星系的草图，但那时他不知道这是什么。
（下）新近的照片表明帕森斯多么准确地画出了他所看见的东西。

中的亮线。这完全取决于每种元素的亚原子结构和该元素对输入的能量的响应方式。但以上这些对理解夫琅和费的发现还不是最重要的。最重要的是，在被折射后的光谱中，存在着可以辨别发出这些光的化学元素的“指纹”（即那些吸收线或发射线。——译者）。只要对“指纹”进行辨认，就可以鉴别出在发光物质中都有哪些元素。

夫琅和费并不是唯一的一个不能立即理解自己做出的发现的意义的人。到了 1880 年前后，威廉·哈根斯才认识到，这些“夫琅和费线”就是各种元素的特征“指纹”，可以作为鉴别一种元素的特征谱线。哈根斯还进一步指出，这种方法可以用于分析来自太阳和恒星的光，从而可以知道太阳和恒星是由何种成分组成的。当哈根斯分析和比较了太阳和恒星光的谱线之后，发现二者中都有清晰的氢和氦的特征线。于是他自然而然地得到了这样的结论：太阳和恒星主要是由氢和氦组成的，这一点二者颇为相似；而且，在太阳和恒星上氢和氦正在以某种方式发生反应或燃烧，这就像一盏极其巨大的夫琅和费用过的那种灯，在不断地向外发出光和热。

哈根斯的发现当然具有重要的科学意义。可是他的发现还有更重要的哲学上的意义，即太阳和恒星实际上没有什么差别。换句话说，他的发现在贬低人类的地位方面比伽利略证实“地球不是宇宙的中心”的观测结果更加厉

● 使用爱尔兰中部比尔城堡中巨大的“勒维汉”望远镜，威廉·帕森斯成为在天空中观测到旋涡状天体的第一人。

害。位于太阳系中心的太阳，在宇宙中绝不是独一无二的，它只是一颗普通的恒星，只是亿万颗恒星中的一颗，而且也主要由氢和氦组成，氢和氦在其上以某种方式在发生反应，并且不断地发出光和热。看来，我们在一个无限的宇宙中的位置是既随机而又平凡无奇的。

这一次，无论是天主教会还是基督教的其他教派，都不想质疑这个科学结论了。既然科学把人类贬低到与上帝相比更加无足轻重的地位，那么它只会加强上帝的令人敬畏的力量和无边的智慧。而对于很多已经对任何一种宗教信仰的正确性有所怀疑的科学家来说，哈根斯的发现说明，科学完全独立于宗教，而要全面理解宇宙的机制单独依靠科学研究就能做到。在科学上可能没有给“创世说”留下存在的余地。宇宙是稳定、无限、永恒的，并且可能一直是这样存在着的。而带着各种偏见、宗教信仰和自我肯定的人类，只不过是已经得到科学解释的自然现象的令人惊奇的结果之一。一些科学的思想家开始承认无神论，他们不相信神的存在，认为无神论才是理性的、正确的信仰。

多普勒效应

具有讽刺意味的是，正当一些思想家开始相信科学将导致宗教的终结时，物理学又给了他们一个暂停这种想法的信号，因为关于光的又一个有科学意义的发现似乎支持了教会方面的“创世说”，而不是支持无神论。当时远非人人都能预见到这一点。和夫琅和费大不一样，克里斯蒂安·多普勒意识到了他于 1842 年在维也纳做出的发现对于天文学具有的意义，但还要经过大约 70 年，它才导致了宇宙学的一次革命，并且似乎是给教会的创世说提供了证据。

多普勒发现的原理对光学和声学同样有效，先考虑一下声学的情形似乎更容易掌握这一原理的基本点。在一列火车呼啸着进站和出站时，就等于在演示着多普勒原理的声学效应。这时每一个站在月台上的人，都能听到火车接近、通过、然后远离而去时声音的变化。当然，在火车接近时声音会越来越大，远离时声音会越来越小；但除此之外还会有声调的变化：在火车接近时声调越来越高，远离时声调越来越低。然而，如果这时有一个人坐在火车上，他就听不到这种声调的变化。那么，对站在月台上的人所听到的声调变化又该怎样解释呢？

多普勒意识到，声调的变化与声音从声源传播到月台上的测量者所用的时间的变化有关。如果把火车的运动分解成不同的时段来考察，结果会更容易理解。假定在时刻A时，快速接近的火车距测量者的距离是100米，那么声音从火车传播到测量者所需的时间是约300毫秒；而在时刻B时，上述的距离变为90米，但声音的传播速度是不变的（指声音在空气中的传播速度总是不变的。——译者），所以传播这段距离所需的时间就只要270毫秒；即在距离缩短了10%的条件下，所需时间也减少了10%，在时刻B比在时刻A所需时间减少了30毫秒。那么在时刻C、时刻D……所需时间会逐渐减少下去。这意味着，一列正在接近的火车所发出的声音在到达测量者时，好像是被“压缩”了似的。

而一旦火车从测量者面前通过后并远离而去，与上述过程相反的过程就会发生。假定在X时刻火车距离是100米，传播所需时间是300毫秒；在Y时刻火车距离是110米，传播所需时间就变成330毫秒；在Y时刻比在X时刻中所需时间增加了30毫秒。在以后的时刻中，所需时间会逐渐增加下去。这意味着，一列正在远离的火车所发出的声音，在到达测量者时好像是被“拉长”了似的。

这个关于火车进站的分析似乎和宇宙学相差甚远，和光学多普勒效应、恒星及宇宙创生都没有什么关系。但实际上，多普勒最早是把这种以他的名字命名的

● 多普勒效应提供了一种难得的分析星光的方法，它使得我们能计算出遥远的恒星或星系的运动方向和速度。

• 在这条光谱中，夫琅和费线清晰可辨，它们的结构准确无误地揭示了光源的化学成分。
光的多普勒效应。
（上）如果一个星系与地球保持不变的距离，那么它光谱中的夫琅和费线就会处在“标准位置”上。
（中）如果它在远离地球，那么夫琅和费线会呈现红移。
（下）如果它在接近地球，那么夫琅和费线会呈现蓝移。

- 荷兰的克里斯托弗·比斯－柏洛特完成了验证多普勒效应的一个最著名的实验。他请了一组音乐家坐在火车上，他自己站在车站的月台上，并要求司机加大马力使火车以最大速度从车站飞奔而过，这时音乐家们要不停地演奏同一个音符。这样，他就验证了多普勒效应所预示的在火车接近和远离时的音调变化。

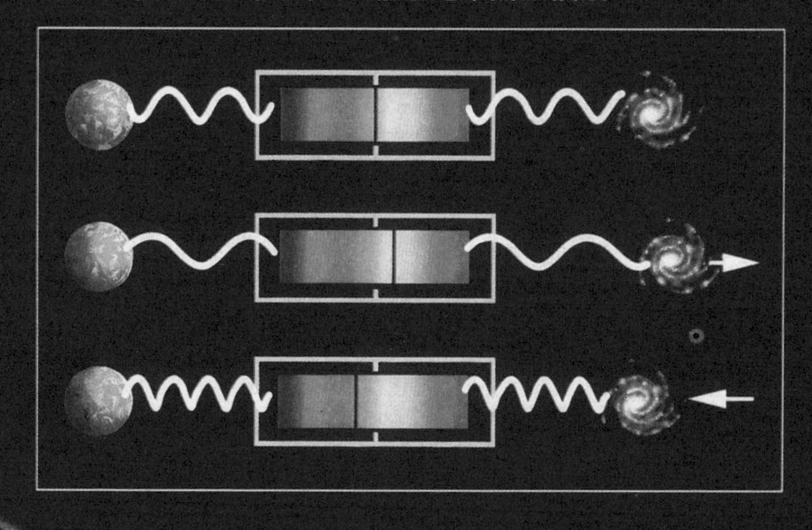

效应与光相联系，而不是与声音相联系的。可是要理解光学多普勒效应却要困难得多，因为在日常生活条件下很难进行与之有关的实验。然而，光学多普勒效应对于理解在20世纪初出现的新的宇宙理论却是至关重要的。如果能很好地理解声源接近时的“压缩”效应和声源远离时的“拉长”效应的话，那么就几乎能理解新的宇宙理论了。另一种直接分析声音多普勒效应的办法是：设法描绘出声波的起伏状态，观察在声源接近时这些起伏的被压缩和伴随的频率变高、声调也变高，以及声源远离时这些起伏的被拉长和伴随的频率变低、声调也变低。

光也是以波的形式传播的——只不过传播速度要比声音快得多。光和声二者都是能量的一种形式。人们都熟悉电灯泡和电炉工作时发光发热的情形，但可能只有为数不多的人了解对声能的某些直接应用，如声呐、声学测深仪等。

人们总是倾向于把光理解为人的眼睛可以看到的那一部分，但实际上可见光只是全部光谱的很小一部分。牛顿让一束光通过三棱镜而得到了光谱，他就把可见光按不同的波长或频率分解开来。位于光谱一端的是红色光，红光的频率低于位于光谱另一端的蓝光。在可见光谱的蓝光部分外面的是频率更高、波长更短的紫外光以及X射线等。在可见光谱的红光部分外面的频率更低、波长更长的依次是红外光、微波、无线电波等。用相片底片可以记录红外光，而无线电波被用来传播广播和电视信号。可见光只不过是整个电磁波谱中一条很窄的谱带。从医院中的X光机到已经进入家庭的微波炉，有多种探测和应用电磁波的方式。

对于希望观测早期宇宙的天文学家来说，电磁波谱的可见光区非常重要。人们对于探测光和热的方法还是很熟悉的，许多人知道用照相底片可以记录X光和红外光。而科学家们还能探测到电磁波谱的其他部分，尽管这些信号可能非常微弱。在发出电磁波的物体温度已经降得很低之后，它所辐射出的能量还是可能被探测到。这就像在已经熄灭的灰烬中人们又看到了一星点的微光。这意味着，天文学家们可以探测到过去曾经有过高温高热，现在经过亿万年之后已经冷却下来的那些事件。这些辐射源中有的距离非常遥远，尽管电磁辐射以光速传播，仍然需要几十亿年才能到达地球。通过考察这些波，人们可以知道在几十亿年前发生过什么事情。对于可见光也是如此，这也就是为什么人们有时候说在望远镜中看到的天体在若干光年之外。用光年来表示恒星或星系的距离，也就是用光在一年中所传播的距离来度量从它们到地球的距离。

虽然多普勒本人已经预见到这种效应会同样适用于声波和光波，但关于光波的多普勒效应的实验却很难在地球环境中进行。因为恒星的距离非常遥远，恒星发出的光到达地球时可能显现出光学多普勒效应。在谈到可见光时，考虑到光速之快，多普勒推断，只能在恒星距离非常远[1]并且运动非常快的情况下，才有可能观测到这种效应。否则光波的任何被“压缩”或“拉长”的效应将是极其微弱和很难探测到的。恒星几乎是绝无仅有的距离足够远的足以显现多普勒效应的光源——如果它接近或远离我们的速度足够快的话。多普勒专门选择了两颗恒星进行研究，这两颗恒星被天文学家们认为正在相互绕着对方运行。多普勒认为，如果它们果真如此的话，在任意时刻，将有一颗星朝着我们运动，而另一颗星会远离我们运动。[2]这就有点像在一个正在旋转的陀螺表面上的一条直径的两个端点，在某一时刻如果一个点朝着一个观察者运动的话，而另一个点肯定会远离这个观察者运动。多普勒估计，这两颗星如果真相互围绕对方运行的话，那么将会发现来自这两颗星的光在波长上有一定的差异，这将揭示这两颗星在以何种方式运动。

多普勒小心地让来自这两颗星的光通过三棱镜，仔细地观察了它们光谱中氢和氦的夫琅和费线。他果真发现了重要的差异。两颗星的谱线图样完全相同，但却出现在略微不同的位置上。而且似乎是一个是向光谱蓝端移动了，另一个是向光谱红端移动了。

这种现象恰恰是多普勒所预言过的。来自其中一个光源的光频率提高了，发生了蓝移，这对应着光波的被“压缩”；来自另一个光源的光频率降低了，发生了红移，这对应着光波的被“拉长”。发生蓝移说明光源在朝着我们运动，就像在声学多普勒效应中朝着我们开来的火车；发生红移说明光源在远离我们运动，就像在声学多普勒效应中远离我们而去的火车。换句话说，通过分析来自恒星的光，看一看是发生了蓝移还是红移，就能正确判断恒星的

---

1 恒星的距离非常遥远不是显现多普勒效应的必要条件。关键的条件是恒星接近或远离我们的速度足够快。——编者

2 仅当两星组成的双星系统的质心相对于我们为静止时才如此。如果这个质心远离我们或者接近我们，那么两星也可能会同时远离我们或者接近我们，当然也可能一颗星接近我们，另一颗星远离我们。——编者

运动方向；而且夫琅和费线发生蓝移或红移的程度越大，光波被“压缩”或“拉长”的程度也就越甚，恒星接近或远离我们的速度也就越高。多普勒先生几乎是在忽然之间就掌握了一种确定夜空中所有光源的运动方向和运动速度的奇方妙法。

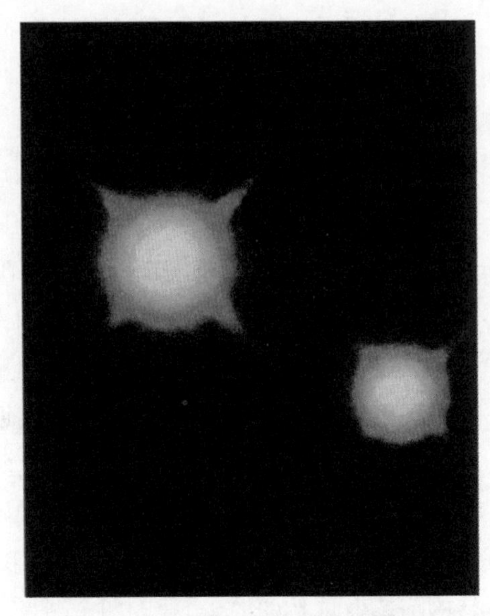

● 半人马座 α 是由两颗恒星组成的双星系统。经过观测已经确认了二者之间相互环绕的运动。在它们的光谱中发现了周期性的变化，谱线红移和蓝移的变化情况说明了它们交互运动的周期是 80 年。

于是，天文学家们发现他们有了多普勒频移法这样一种探索宇宙的最新工具，可是另一方面他们也没有认为所有的问题马上要迎刃而解了。当然，多普勒的发现既不会对教会的“科学家”们的神创论给予丝毫鼓励，也不会对牛顿的无限、永恒的宇宙造成任何威胁。多普勒的发现只不过确认了科学家们早已期待的一个结论：恒星是在运动着的。牛顿曾经预言，宇宙中充满了运动着的天体。而自古希腊人在伽利略看见木星周围的卫星之前很久做出他们的观测以来，人们认为大部分运动天体都是在轨道上。然而利用多普勒位移来研究星光，就像伽利略的观测和牛顿的引力理论那样，将对宇宙奥秘的探索产生革命性的影响。到此为止，就缺一个大师式的人物来充分利用这个工具了，而这个人物直到七八十年以后才出现。

定位星系

当这位大师出现的时候，以他表现出的个人能力素质完全能够完成这项工作。埃德温·哈勃于 1889 年出生在美国。在年轻的时候，他曾经梦想着做一名职业拳击手。他在牛津大学取得了法学博士学位，而后却最终成了一位天文学家。在一些同事的记忆中，20 世纪 20 年代在加利福尼亚的威尔逊山天文台工作的哈勃，是一个勤勉认真的天文观测者，他极为耐心地、仔细地把所有的观测结果放在一起进行综合分析，就像一个谨慎小心的律师在为他的诉讼进行精心的准备。而哈勃的另外一些同事回忆起的则是哈勃观察所有的事物、哪怕是瞬间即逝的事物的天才和灵感。也许哈勃是勤奋与天才二者兼而有之。

哈勃使用了当时威尔逊山上威力最大的望远镜。在他最想从事的研究课题中，首先是关于星系的距离问题，以及通过对星系所发出的光的夫琅和费线的研究和由此进行的对天体运动和化学成分的研究，可能得到的更多的对星系的认识。这时，哈勃手里还有另外一个确定遥远天体的距离的非常有用的工具。

在 20 世纪之前，有一种测量天体到地球之间距离的基本方法在长达 2000 年中一直在使用着，而几乎没有任何变化。当然，自从埃拉托西尼及古希腊人用立竿见影法和几何学得出太阳的距离以来，这种方法变得更加精确，但它仍然只能在一定限度之内完成这种测量。数学的发展使得当时测量银河系内较近恒星的距离成为可能，但对更远的恒星就无能为力了。1912 年，美国女天文学家赫丽塔・利维特找到了一类恒星，这类恒星对天文学家们测量天体距离大有用处。许多恒星的光度是变化的，有些恒星的光度有着周期性的变化。变化的原因是很复杂的，而且在现在讨论的这个问题中并不太重要，重要的是利维特发现这类恒星的光度变化是有规可循的。这类恒星叫作仙王座 δ 型变星（中国天文学家称之为造父变星。——译者），得名于第一颗被发现的这类变星是仙王座 δ（恒星仙王座 δ 的中国名是“造父一”。——译者）。

在我们的银河系中造父变星的数量不是很多，因为在数百亿颗恒星中只发现了数百颗。但是如果把其中一颗的光度变化规律描绘在一张图上，就会发现它极具个性——非常有别于其他类型恒星的光度变化——也就非常容易肯定这就是一颗造父变星。这有点像从红色郁金香的花圃中挑出一只黄色的郁金香那么容易。这种变星的真实光度和光变周期之间有一种固定不变的联系。正是这种联系给哈勃提供了一件工具，使用它就可能测量遥远太空的任何一个角落到地球的距离。具体做法大致是这样的，先用传统的数学方法测量出邻近的造父变星的距离并测出它的光度（使用望远镜加光度计等仪器可测量恒星的光度。——译者），这样就得到了一只可用来比较的准绳。例如要测量一个遥远的星系到地球之间的距离，首先必须在这个星系中找到一颗造父变星，然后测量出它的光度，并与已知其距离的邻近的造父变星相比较，通

• 哈勃（1889—1953）正在观测（右图），他使用的是加利福尼亚威尔逊山天文台的 100 英寸“胡克”望远镜（左图）。

“100 英寸”指的是望远镜主反射镜的直径；至于望远镜整体的大小，可以从与哈勃坐的椅子的比较中看出来，那椅子就在左图最右端的观测平台上。观测室的天窗打开后，望远镜将指向观测天区，观测平台亦将沿弧形轨道上升到望远镜筒顶端的目镜所在的位置旁边。观测目标的光射到望远镜筒底端的主反射镜，然后向顶端反射回来进入目镜。

过二者之间光度的比例就可以确定二者的距离的比例，它们之间有一种固定的比例关系；由此就可以进一步求出遥远的造父变星的距离和它所在的星系的距离了。（通过已知的邻近造父变星的周期、距离参数，天文学家们确定了造父变星的周期-光度关系。除了要测出遥远星系中造父变星的光度外，还应测出它的光变周期。这样，利用已知的造父变星周期-光度关系就可以得到它的“期望光度”，然后使用光源视亮度和光源距离的“反平方定律”关系，即光源的视亮度与光源到观察者之间的距离的平方成反比，就可以确定它和所在星系的距离。——译者）

这就是说，只要在威力强大的望远镜里能够分辨出在遥远星系中单个的造父变星，那么遥远星系的距离也就可知了——哈勃开始通过研究一个个星系来描绘宇宙的图景，这项艰巨的工作曾使有些人望而却步。哈勃意识到，现在不仅可以通过造父变星方法确定星系的距离，还可以通过分析光谱中的夫琅和费线的方法，确定星系中恒星的成分；还可以通过星系中某元素特征谱线的多普勒频移，确定星系的运动方向和速度。即多普勒频移越大，光波被“压缩”或“拉长”的程度也就越大，星系远离或接近的速度也越高。哈勃和他的研究小组非常耐心地分析来自每一个星系的光及它的光谱，由此来构筑尽可能完善的宇宙图景。

不出所料，他们发现氢和氦是在所有星系中存在最多的元素。这就重新验证了哈根斯的结果。而出人意料的一点是，所有他们分析过的星系的光都发生了红移，换句话说，似乎所有的星系都在远离我们。更有甚者，从他们证认出的造父变星来看，河外星系到地球距离之远大大超出了以往人们的想象，有的竟有几十亿光年之遥。哈勃和他的同事们还意识到，由于河外星系所发出的光在到达地球之前要旅行如此之长时间，今天我们所观察到的星系乃是它们在遥远的过去的形象，它们也已经走过了漫长的演化之路。有的星系距离达 80 亿光年，它的光谱红移远大于其他的星系（现在已观测到众多的距离超过 100 亿光年的河外星系。——译者）。换句话说，这些最老的和最远的星系，远离我们的速度也最快，大大超过那些和我们邻近的星系。

膨胀中的宇宙

当时，人们还不能立即理解哈勃的科学发现的全部意义。人们以前还很

- 哈勃发现河外星系的距离异常遥远。本图所示的涡状星系到我们的距离大约是 1300 万光年，换句话说，接收到的这个河外星系的光是在 1300 万光年前从那里发出来的。

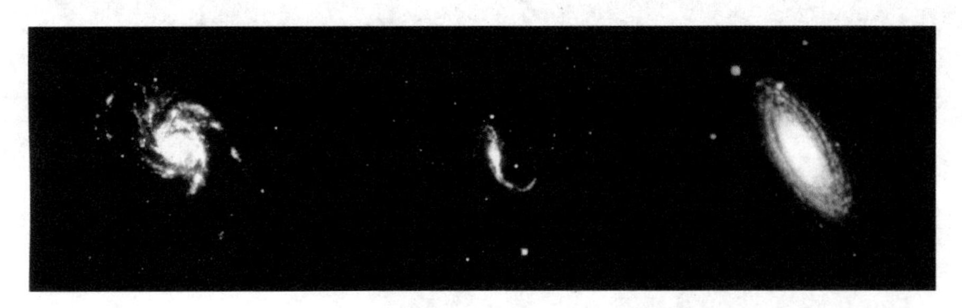

● 这些旋涡星系是哈勃在 1925 年从他的观测资料中作为这类星系的例子挑选出来的。哈勃星系按照不同的形态分成椭圆星系、不规则星系和旋涡星系等，这种分类方法直到今天还在被广泛地使用。

少见到过这样的场合：周围的东西都在纷纷远离。一个可用的例子是膨胀中的气球，在吹气球之前先在气球上画上一些任意的点。把气球吹起来，气球表面就开始膨胀了。这时气球上的点与点之间的距离就会越来越大。与这样的情形相类似，我们的宇宙也处于某种形式的膨胀之中。只通过分析星光就能断定宇宙处于膨胀的运动之中，这可真有点异乎寻常。以致很多物理学家在第一次听到这种标新立异的说法时，都情不自禁地怀有疑问，哈勃所说是否真的是正确的，或许还存在另外的解释。但是，哈勃建立了通过光谱红移给出的星系的速度，与通过星系中造父变星的光度给出的星系的距离之间的十分确定的关系。哈勃的观测是高度一致的，离地球给定距离的所有星系都以相同的速度运动着，而且星系的距离越远，其退行速度就越高。事实上，哈勃给出了一个数学方程式来精确地表达这一关系，即所谓“哈勃定律”。这个定律居然能和任何新观测到的星系的相关数据都符合得非常好。

对于大多数对无限永恒不变的宇宙坚信不移的无神论科学家来说，膨胀的宇宙是一个接受起来非常困难的概念。任何一个膨胀的东西都很难说是不变的。所以对哈勃观点进行贬低或否定具有很强的诱惑力。可是，新发现至少已经使一个研究小组的科学家们都兴奋异常；而且特别是还有另一位想象力出奇地丰富的天文学家。他是梵蒂冈的一位牧师，他给出了对哈勃宇宙膨胀说的最具戏剧性的解释。

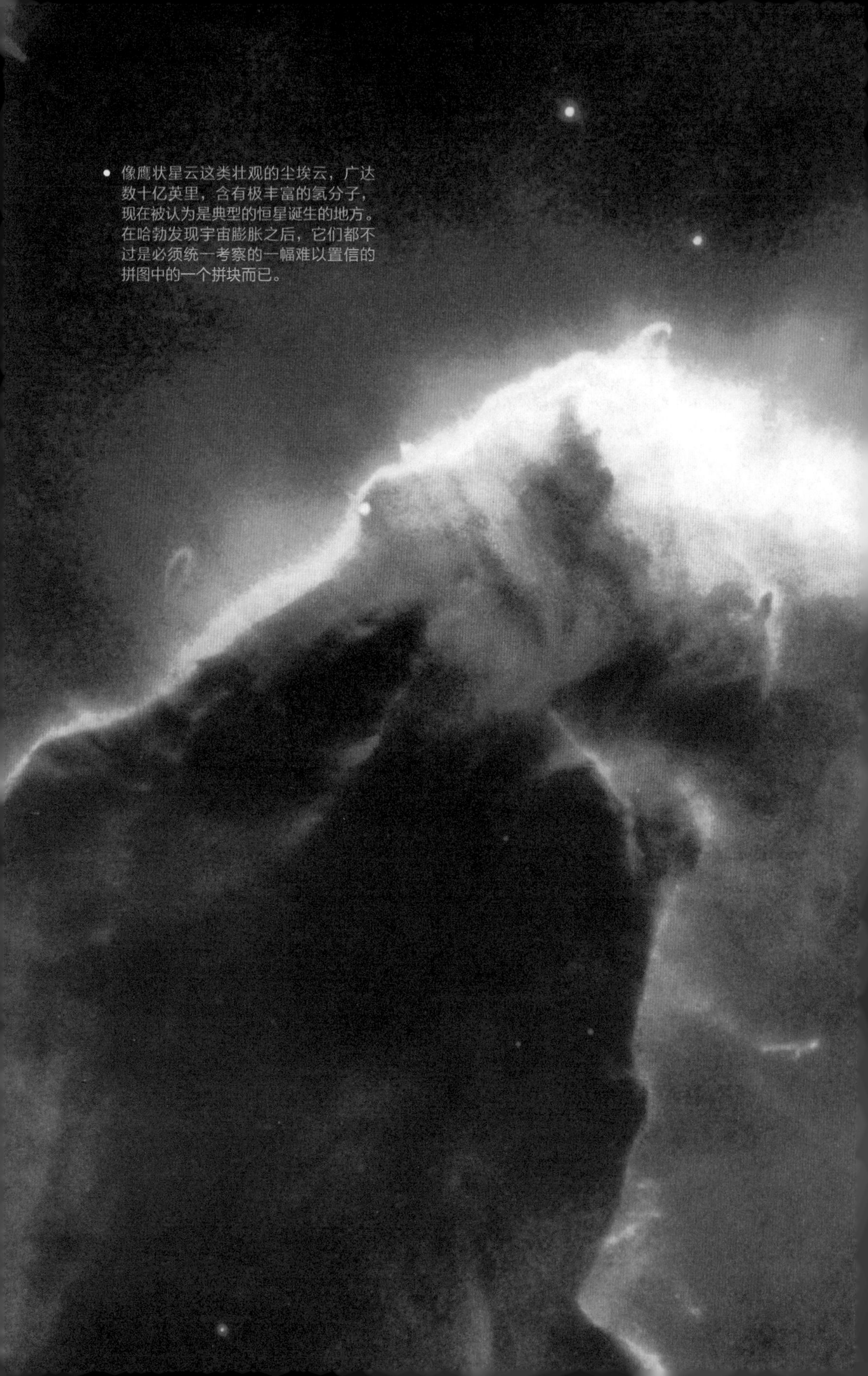

- 像鹰状星云这类壮观的尘埃云，广达数十亿英里，含有极丰富的氢分子，现在被认为是典型的恒星诞生的地方。在哈勃发现宇宙膨胀之后，它们都不过是必须统一考察的一幅难以置信的拼图中的一个拼块而已。

第四章

原初时刻

一切都是相对的

陷入时空

爱因斯坦的一次画蛇添足

恒星的生与死

1927年，一位比利时耶稣会的牧师，同时也是一位起领导潮流作用的理论宇宙学家乔治·勒梅特正在梵蒂冈天文台工作。他在为爱因斯坦的理论和数学方程而冥思苦想。勒梅特自己说他当时很想要提出一种宇宙模型，这种模型应该符合爱因斯坦的理论；但另一些人却深信，勒梅特想要的是一种包含宇宙创生说的科学宇宙模型，也就是被牛顿的无限永恒的宇宙概念排斥的东西。对于天主教会来说，非常重要的一件事就是，找到一种与各种科学上的发现都不相矛盾、而又符合《圣经》中的“创世说”的宇宙模型。在梵蒂冈天文台工作的科学家们发现这可是一项艰巨的任务，于是勒梅特当时非常想找到新证据，来说明宇宙是有限的、因此宇宙也必然有一个起始之点。

一切都是相对的

勒梅特致力于研究爱因斯坦的理论，当时爱因斯坦已经以最富想象力的科学家而闻名于世。为了生计和支撑撰写关于物理学定律论文等学术研究工作，爱因斯坦曾经效力于在瑞士伯尔尼的专利局。他的第一个重要的成就在1905年公之于世，这就是狭义相对论；另一个重要的成就是1915年发表的广义相对论。两个相对论所处理的都是观测者与观测者所看到的事件之间的关系的问题。狭义相对论详细说明了当观察者和事件是以一种恒定不变的速度相联系时会发生什么；而广义相对论还考虑到了引力，也论述了当运动物体在加速或减速时将要发生的事件。这两个相对论都是很难读懂的理论，然而它们却使得爱因斯坦在科学界声名大振。爱因斯坦当时倒是没有刻意去创立一种关于宇宙的理论，但他的理论却无可避免地引起了宇宙学家们的兴趣，因为爱因斯坦理论导致了那些自牛顿时代以来从未遭受过挑战的基本物理学定律的重写。

爱因斯坦指出，不管在何处观察，观察到的发生某一事件的物理规律应该是相同的。这个观点实际上是基于这样一种看法，即不同的观察者观察同一个事件，可能会得到不同的结果，这要取决于他们观察时所在的相对位置。这种观点是受到日常生活中的一些经验支持的。其中一个大多数人可能都经历过。当两列火车停在同一个火车站上时，如果有一个人坐在一列火车上透过窗户来观察另一列火车，当他观察到火车慢慢开动起来时，他很难一下子判断究竟是哪一列火车开始开动了。他能确切地知道的，只是两列火车中间肯定有一列开动了。这就是相对论的观点。

现在来假设这样一种情况，一个人坐在火车上，另一个人站在车站的月台上看着火车飞驰而过。在火车上的人面前的桌子上有一个茶杯，茶杯与人之间的距离约有 60 厘米，在这个人看来，茶杯是静止不动的；但是，在月台上的人透过车窗观察到的，却是茶杯与火车在一起狂奔。

爱因斯坦的非凡洞察力表现在，他认为物理学定律必须改写成使得运动定律具有内洽性，比如在以上不同观测者看到茶杯的不同情形的例子中必须对加速度和动量这类相关概念做出说明。而这意味着要理解时间和空间的本质以及它们对发生在其中的事件的影响。归根结底，不同观测者对茶杯观测的不同结果，是由于他们相对于茶杯的不同时间、空间关系。其中一个在时间和空间随同茶杯一起运动，所以他与茶杯的相对距离和位置总保持 60 厘米不变；而另一个观测者相对于运动的茶杯来说是静止在时间和空间中的，所

- 阿尔伯特 · 爱因斯坦（1879—1955）本来无意于亲自去揭开宇宙之谜。但是就如在物理学其他的领域中一样，爱因斯坦的革命性理论已经赋予了宇宙学最具根本性的变革。

以茶杯是在运动之中并飞快在视野中消失。

陷入时空

为了描述上述的这种关系，爱因斯坦推导出了一组数学方程式。概括说来，这些方程给定了时间和空间的性质，它们对于宇宙学家们是至关重要的。首先，时间和空间在爱因斯坦的数学表述中看起来是极为相似的东西。因此，牛顿对引力的解释必须完全改写，尽管它似乎是很精确的。爱因斯坦指出，两个物体并非如牛顿所描述的那样直接地互相吸引，而是每个物体对周围的时间和空间产生影响，引力则是这种影响的结果。如果这种解释还难以理解，设想用一个较重的物体（例如炮弹）来代表太阳，把它放置在一大张紧绷的橡

胶薄片上，这张橡胶薄片就代表时间和空间；于是，炮弹的重量会使薄片下沉，在炮弹周围形成一个圆锥形的坑。这种形状会令我们回忆起在生活中见过的一个充满水的水池，如果拔下底部排水管上的塞子开始放水，那么在水池中的水面上就会出现一个在旋涡中的圆锥形下陷。

爱因斯坦解释说，当一个大质量的物体以上述的方式引起时空的弯曲时，这种弯曲的时空会自然而然地影响到在其中运动的任何较轻物体的运动轨迹。所以如果用一个较小的球来代表地球或别的行星，那么这个小球（地球或其他行星）就会在代表时空的橡胶薄片上滚向炮弹（太阳）这个大球造成的凹陷（弯曲时空）运动。如果小球运动速度很低，那么它就可能掉入凹陷之中，与大球挨在一起（这就如同牛顿看到的苹果从树上落下，掉到地球表面上）；但如果小球的运动速度足够快，那么它的运动轨迹只会稍稍向凹陷所在的方向偏移

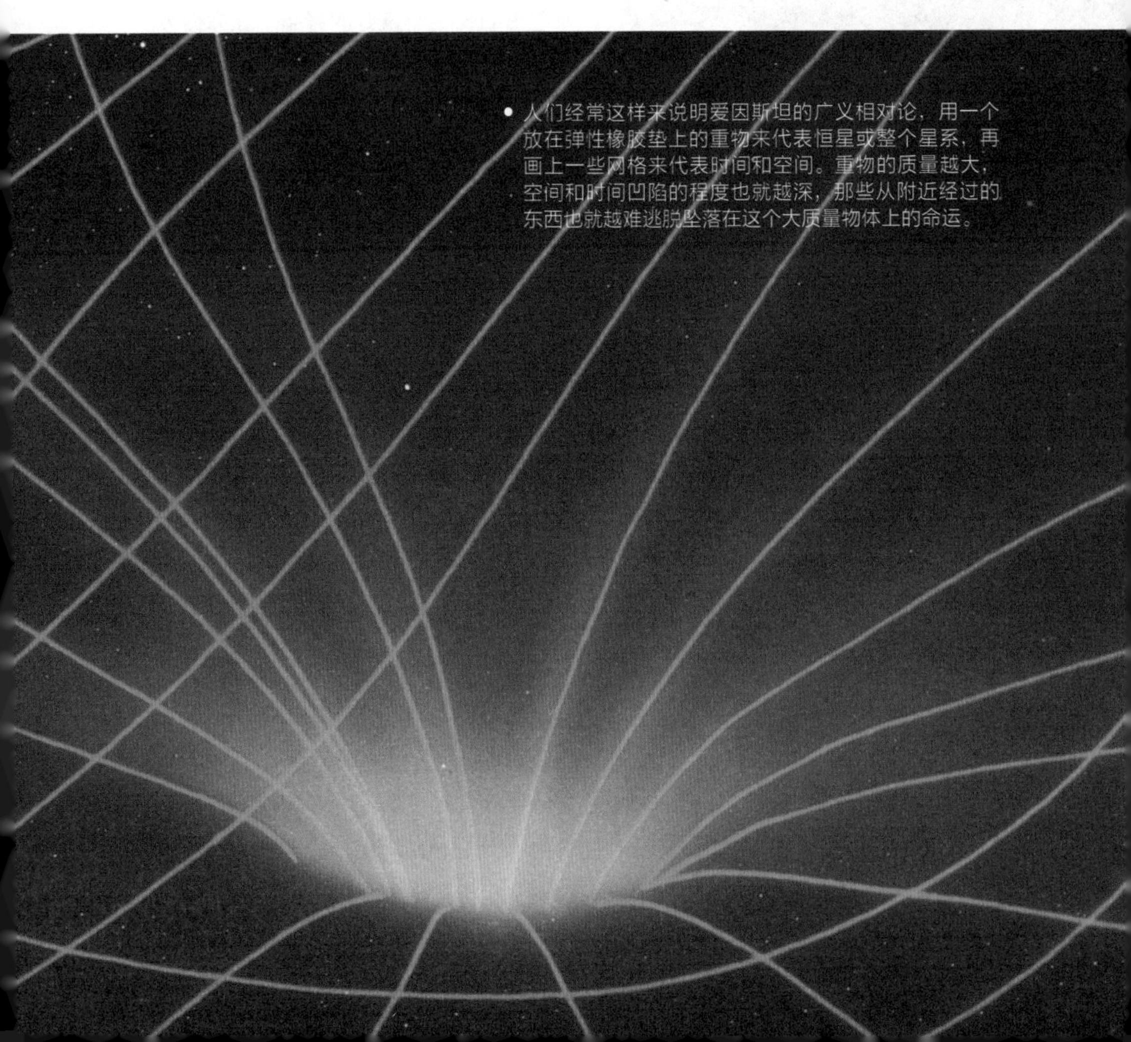

• 人们经常这样来说明爱因斯坦的广义相对论，用一个放在弹性橡胶垫上的重物来代表恒星或整个星系，再画上一些网格来代表时间和空间。重物的质量越大，空间和时间凹陷的程度也就越深，那些从附近经过的东西也就越难逃脱坠落在这个大质量物体上的命运。

● 乔治·勒梅特（1894—1966），一位天主教教士，也是比利时最著名的天文学家。他在喜欢佳肴和美酒的同时也是教廷科学院最活跃的成员。但是世界各地的科学家们很晚才注意到他的“原始原子”理论。

一点，然后从另一面滚出来，并继续向前运动。而如果小球的运动速度既不太慢也不太快的话，就会形成它围绕凹陷的不停的圆周运动，这就像杂技运动员有时骑摩托车表演的“飞车走壁”。

这样描述引力的数学方程式可以得到与较简单的牛顿方程式相近的结果，但爱因斯坦的结果更精确地给出了水星围绕太阳运动的轨道，而描述水星公转轨道恰恰是牛顿力学所遇到的一个极大的困难。这个例子有力地支持了爱因斯坦的理论，或者说它至少也是对牛顿引力理论的一个非常好的修正。在后面要谈到的关于日全食和星光偏折的例子，更是对爱因斯坦理论正确性的极好的证明。这使得物理学家们从此形成了一种定式的思维：如果一种结果符合爱因斯坦理论，那么它大概就是正确的。

正是在研究爱因斯坦方程的过程中，勒梅特发现了一些足以使他惊喜的东西。从爱因斯坦的数学方程式得到的结果之一是，宇宙并不是稳定不变的，相反地是动态的。要理解这一点非常简单。既然任何具有质量的物体都会使时空发生弯曲，那么一个天体经过另一个天体近旁时，它就会被拉得更近一些。如果宇宙是静态的，那么宇宙中所有物体终将被吸引到一起，因而一切物质迟早都会落入最大的时空凹陷之中。这个问题和牛顿在发现万有引力定律之后所为之忧心忡忡的问题是完全一样的。但宇宙中的物质何以千百万年来一直维持着一种分散状态，而没有因引力作用而形成一个“超级”大块物体呢？然而，牛顿的理论只局限于物体间的相互吸引，爱因斯坦的理论却包括了对质量引起的时空弯曲的数学表述；所以在牛顿的系统中由引力引起的宇宙的全部质量凝聚到一起几乎是不可避免的，但爱因斯坦的系统却不尽如此。在爱因斯坦系统中，时间、空间的状态可以随其中质量存在的情况不同而变化，所以时间、空间都是动态的而非静态的，时空或宇宙都不可能是永恒的。它们可以变得大些或小些，因此可能会有时间、空间慢慢地膨胀或收缩的情况发生。

爱因斯坦的一次画蛇添足

爱因斯坦自己也意识到了这个问题的其中含义，并对自己的方程会导致如此之结果有些耿耿于怀。作为牛顿的无限而永恒的宇宙观念的坚定的拥护者，爱因斯坦要迫使自己相信一定能找到一个相关的物理学定律，它能把宇宙的整体膨胀或收缩的性质排斥在外。一定有一种因素，它能容忍局部的变化存在，例如质量会影响到其周围时空的弯曲程度，但它却不会影响宇宙的整体状态。基于这种信念，爱因斯坦在他的方程中引入了一个附加的因子，即所谓“宇宙学常数”，它会导致微弱的斥力，可以和万有引力相抗衡；这样一来，就能消除宇宙的整体膨胀或收缩等全局性动态变化，宇宙就可以“回归”于永恒状态了。

但是，勒梅特却认为完全没有必要加上这样一个多余的“宇宙学常数”。假定描述一个有着轻微膨胀的宇宙的数学模型是正确的，这意味着，膨胀的力抵消了引力，那么宇宙中的物质将能继续保持分散状态。而且，如果膨胀力稍强于引力，那么宇宙就会继续膨胀下去，将来的宇宙比今天的宇宙会占有更大的空间尺度。这种情况也意味着，过去的宇宙比今天的宇宙占有较小的空间尺度。因此，如果不断地把时间上溯，越早期的宇宙就会越小；那么总会有足够早的某个时刻，宇宙是处在它的最小的状态。

于是勒梅特提出，宇宙会有一个起始之点。而这个点正是教会方面正在苦苦寻找的上帝创世的时刻。这时勒梅特确信他已经找到了一个完美无缺的宇宙模型：上帝创世时最初是创造了一个“原始原子”，它不断地长大、膨胀起来，就像一颗小小的橡果长大成为一棵参天的橡树那样。同时，这个宇宙完全遵从这个时代的科学“教父”爱因斯坦的数学方程式，这样也就解决了爱因斯坦原来的方程式预言宇宙膨胀而产生的难题。

可是令勒梅特感到失望的是，爱因斯坦本人对他的见解却十分不以为然。爱因斯坦认为，勒梅特并没有很好地掌握有关的物理学原理，而且还暗示，宇宙必然应该是无限、永恒和亘古不变的；原始原子和由此而来的创世时刻的说法是荒谬的。如果连爱因斯坦本人都断然否定勒梅特的观点，那么科学界有谁还能相信他的天方夜谭呢？

然而天主教会方面自然而然地对勒梅特观点颇为满意和赞赏，勒梅特也由此受到鼓舞而对自己的观点坚信不移。时隔不到两年之后，勒梅特听到了一则使他欣喜过望的消息：有更多的证据显示宇宙是处在膨胀之中。哈勃等科学家观测到了许多河外星系光谱的红移现象，按照多普勒效应，这恰恰意味着宇宙在膨胀。

现在只剩下一个时间的问题了。爱因斯坦对哈勃的研究工作很感兴趣并决定到威尔逊山天文台去拜访他。同时，勒梅特在加州理工学院组织了一次专题讲座，还安排了爱因斯坦和哈勃在那里会面。在演讲中，勒梅特一步步地陈述了他的“原始原子”理论，说明宇宙创生于“没有昨天的那一天”。他不厌其烦地展示了导致结论的整个数学推导过程。当演讲结束时，他几乎都不敢相信自己的耳朵了。勒梅特看到爱因斯坦站起来并大声说，这是“我所听到过的最美妙和最完满的演说”，爱因斯坦还表示，制造出一个“宇宙学常数”乃是自己一生中“最大的失误”。

有了一个包含有创生时刻的宇宙模型，这在天主教会看来是一次重大的胜利。这个模型符合《圣经》中所描述的图景，还得到了这个时代的最伟大的科学家的全力支持。而且，如果仔细地分析哈勃的数据，甚至可能得出宇宙的时间标度。先计算河外星系的退行速度（退行速度可从各个星系光谱的红移量得出），和在不同时间的河外星系的距离以及星系之间的相互距离（距离尺度可由分析在每个星系中找到的造父变星的数据得到），然后再把时间上溯，进而计算出所有星系原本集中于一点的那个时刻就成为可能的。这将是勒梅特的所谓宇宙创生的时刻，它大约是在150亿年前。这种起始于一点的、动态的宇宙模型和以前的模型相比较有着本质的不同，它清楚地预示着，关于宇宙是无限和永恒的观念是错误的。

可是，一些有名的科学家——特别是那些坚定的无神论者，却仍然对此持有异议。如果要认真面对宇宙是从比原子还小的某种东西中生长出来的观念，这对他们来说是太荒谬了。在剑桥的一个颇有影响的研究小组已经近乎找到了另外一种解释。他们认为，为什么不能设想我们所看到的仅仅是宇宙的一部分呢？也许我们能看到的这一部分宇宙的确是在膨胀，但是在宇宙的

• 爱因斯坦（左一）参观哈勃完成了他的历史性观测的威尔逊山天文台。而后爱因斯坦与哈勃、勒梅特一起推心置腹地讨论了他们各自的观点。在这次会见中爱因斯坦意识到他的“宇宙学常数”是一个错误。

另外的部分，在我们的视线之外的宇宙中，宇宙也许是在沿相反的方向运动，是在收缩着的。宇宙就像一只装满水的在永远不停地冒泡和沸腾的大锅，其中包含了在不同局部位置的膨胀和收缩，总体来看仍是恒稳态的。他们争辩说，爱因斯坦方程毕竟是既容许膨胀，也容许收缩的。

恒星的生与死

在主张“稳恒态宇宙”的人中，有当时最有名的科学家之一的弗里德·霍伊尔，他是一位物理学家和坚定的无神论者。稳恒态理论的论点之一是，在宇宙中我们所在的这个正在膨胀的角落里，星系间的相互距离越来越大，会有新生的恒星出现来填补由于膨胀所遗留下来的空间。霍伊尔最重要的科学成就之一，就是从这一点出发而对恒星的生命过程所给出的解释。20世纪初，科学家们在研究构成宇宙的所有化学元素的性质方面，以及组成化学元素的比原子更小的粒子(亚原子粒子)的性质方面，已经取得了重要的进展。当霍伊尔和他的同事们研究恒星的性质时，他们十分清楚地知道，宇宙中最主要的化学元素只能在一种极高的温度和极高的压力条件下才能被合成——这种条件远远超出了任何在地球上曾经存在过的环境条件。这一看法导致了这样的结论，这些最主要的元素可能形成于恒星内部。霍伊尔他们推理出，如果稳恒态宇宙理论要求有新生的恒星来填补星系膨胀后所遗留下来的空间，那么恒星是否也应该具有一种动态的生命过程呢？在这一过程中有诞生有死亡，在恒星生命过程中产生出了各种化学元素。霍伊尔和他的同事们所建立起来的图景概括说来是：当空间中的氢原子由于引力而逐渐地凝聚到一起，形成越来越大的球体时，恒星就这样形成了。在恒星像滚雪球那样越滚越大时，因为引力而造成的恒星内部压力也越来越高。这种压力会逐渐地高到把一些氢原子紧紧地压合在一起，以至于它们将发生聚变反应，形成氦原子，这是比氢重的最轻的原子。

如同任何核反应一样，核聚变过程伴随着巨大的能量释放(在地球上发生这种能量释放的最具戏剧性的例子是氢弹爆炸。但是和在恒星上的核反应相比，氢弹的爆炸应该属于微型的爆炸事件——这就像一个普通的小小气球的爆炸与地球那样大的球体的爆炸的对比关系)。在氢聚变为氦的过程中，能量释放会引发两个方面的作用。一是很大一部分能量产生的向外的压力与正

- 稳恒态宇宙模型的理论家弗里德·霍伊尔（左），赫曼·邦迪（右）。他们同属于一个很小然而影响力却很大的研究组。他们对宇宙起始于一个很小的点的观念进行了严厉的质疑。

在形成的恒星内部由引力造成的向内的引力方向相反，产生力的平衡，这使得恒星有一个长达数十亿年的相对稳定的状态。尽管在其内部仍在发生着剧烈的核反应，但恒星不会像炸弹那样爆炸解体，也不会由于引力作用而坍塌，这是力的平衡所维系的结果。二是核反应所产生的部分能量变成了光和热从恒星内部向外辐射出来。这样，霍伊尔关于恒星中元素合成的理论也解决了为什么恒星会发光这个古老的天文难题。

然而，霍伊尔等人也指出，恒星上的氢元素总有一天要消耗殆尽。到那时候，氦就成为恒星上主要的元素。由于没有足够量的氢燃料参与核聚变，向外的压力会减小；这时向外的压力和向内的引力的平衡就被打破了。随着引力产生的压力的增强，它把先前核聚变中产生的氦元素压得很紧密，而且越来越紧。于是，在氦原子之间就会发生聚变反应，反应的产物将是更重一点的元素。这样的过程会一步步继续下去，从最初的元素，到二级的生成元素，再到下一级的生成元素……它们依次成为在恒星上占主导地位的元素；

这个占主导地位的元素成为恒星中聚变反应的燃料，直到引力形成的压力进一步增加并紧压原子而生成下一个更重的元素。

由于引力的大小取决于恒星总质量的大小，因此有可能通过计算得出不同质量的恒星会有的不同最终结局。当恒星上的聚变过程产生了包括铁的所有元素时，需要极大地增加温度和压力才能引发下一级的聚变。小质量的恒星不能提供如此高的温度和压力，因为它的引力产生的向内压力终归有限，不是足够地大，于是在生成铁以后，聚变反应不能够继续下去了，恒星的死亡阶段即将来临。在引发氦的核聚变之前，并非全部的氢都聚变成了氦；同样地，在引发更下一级的核聚变之前，也并非全部的氦都已聚变出了比氦重的元素。所以，小质量的恒星在死亡之前含有到铁为止所有的轻元素。在恒星死亡并冷却下来之前，所有的较轻的元素都会发散到宇宙空间之中，只留下铁质的星核，还能继续在一段时间内发光发热，这就是白矮星。在进一步冷却成为褐矮星后，冷的铁核将不再发光。如果它在以后的时间中没有机会被引力或宇宙中其他种类的力所推动而与另外的某个天体相碰撞，恒星的这

- 关于恒星最终结局的艺术创意画。处于前景位置的是一颗褐矮星（右上），两颗白矮星（中上和中左）在各种暗物质（见第八章）之外的远方发出光芒，观察者的位置相当于在某个星系（左下）的边缘上，网格线（右下）表示黑洞（见第十一章）是怎样造成了时间和空间的弯曲。

- 这幅超新星爆发事件产生的极其有趣的爆震波（天鹅圈）的照片，是用哈勃空间望远镜拍摄的。爆炸的恒星产生的高温能使广达数十亿英里的宇宙空间发亮，并创造比铁更重的所有元素。

种最后的遗骸将永远留在宇宙空间中。（这一段中的有关提法值得商榷。根据现代通行的恒星演化理论，小质量恒星内部的核聚变一般只发展到其产物是氧、碳等的阶段，并不能发展到聚变产物是铁的阶段，白矮星的主要成分也不是铁元素而是碳等。——译者）

可是，对于质量更大的恒星，即使上面的引力作用不能大到引发产生比铁更重的元素的核聚变，它的巨大的引力也可能对铁核发生挤压作用，直到它发生内爆，这种过程也会释放巨大的能量。于是，恒星将在一次猛烈的爆炸中“寿终正寝”。在爆炸的短时间内，可能形成高温和高压的环境，足以使任何种类的重元素聚合而成。在天文望远镜中已经观测到这类突然出现的所谓超新星事件。超新星爆发的结果是，有巨大的发光尘埃云冲向四周的太空，使得恒星生命中产生的那些元素都散布到了广袤的宇宙空间之中（现在已经知道在超新星爆发中还可能产生出更致密的中子星或脉冲星——一种奇异的辐射出极有规则的高频射电脉冲的天体。这说明在超新星爆发时的极高温度下，会引发不同寻常水平的核反应，在其中可以生成那些最重的元素）。

事实上，霍伊尔和他的同事们所作的一些预言后来都被观测所证实了。使用夫琅和费发现的光谱中的谱线，科学家们分析了来自超新星的光谱，确认了超新星中都有哪些元素。如同霍伊尔和其他稳恒态宇宙的理论家所预示的那样，在超新星中有几乎所有种类的重元素。解开超新星之谜的同时，科学家们使用装备了折射分光系统的望远镜观测了诸多的恒星，在恒星光谱中发现了从最轻的元素一直到铁的几乎所有元素的特征光谱。他们还发现恒星的光有时会减弱一直到消失。而且，因为有关核物理的数学描述越来越臻于完善，人们对核聚变的认识也日趋深刻。毫无疑问，霍伊尔对恒星生命过程的理解是正确的。

初看上去，上述的出色工作支持了稳恒态宇宙理论。因为它不仅表明了恒星可以在宇宙中诞生，而且指出了在恒星上能合成出宇宙中所有的元素。这个理论似乎描绘出了一个很有说服力的图景，至少对于那些无神论者来说是这样；他们希望找到一种途径，使宇宙中万事万物的存在并不需要一个创世时刻和勒梅特的原始原子。至少在当时，构想出一个有着内部动态系统的无限、永恒的宇宙模型来解释哈勃观测到的红移是有可能的。但是，即使是恒星中元素形成这种成功的理论也已经埋下了瓦解其自身的种子。稳恒态宇宙理论最终没能长期地与大爆炸理论相抗争。

● 拥挤在苍蝇座周围的不计其数的恒星位于我们银河系中一个恒星高度密集的区域，它们只是数十亿个星系中一个星系的一部分，而每个星系又是能量、运动和绝妙事物的独一无二的混合体。很难想象，如此丰富多彩的种种东西怎么能够全都起源于一次爆炸。

第五章

遗迹、奇点和纹波

大爆炸理论成熟了

来自宇宙的干扰

坠入洞中

宇宙中的纹波

毋庸置疑，关于恒星生命周期的理论是人类智慧所取得的巨大成功。这表现在霍伊尔和他的同事们的稳恒态理论赢得了密切的关注，并且在一段时间内得以与大爆炸理论分庭抗礼。可以肯定地说，作为一位科学家，霍伊尔受到了斯蒂芬·霍金充分的尊敬。在20世纪60年代，斯蒂芬曾经希望霍伊尔作为他在剑桥的博士研究生导师。而实际上斯蒂芬的博士学位是在另一位稳恒态宇宙理论的支持者丹尼斯·夏玛的指导下完成的，夏玛后来转向支持勒梅特的宇宙起源学说。而霍伊尔直到今天还明确地倾向于稳恒态宇宙理论。

大爆炸理论成熟了

有若干证据的出现使得很多人像夏玛那样转变了观念。第一次可能也是最有力的一次对稳恒态理论的打击，是这一理论的拥护者们自己在解释在恒星上形成那些化学元素的过程时出现的。的确，是最初的氢元素在恒星生命过程中形成了后来的所有种类的元素。但这样也就提出了一个问题，最初形成恒星的氢元素又是从何而来的呢？根据亚原子理论（关于原子内部粒子的理论。——译者），需要在超常高温的爆炸中，亚原子粒子才能合成为氢。于是很自然地，人们设想的一种可能性就是，氢元素是在勒梅特的原始原子发生爆炸时极高温度下形成的（这恰是稳恒态宇宙理论的科学家们想要否定的观

● 拉尔夫·阿尔弗（左）、汉斯·贝泽（中）和乔治·伽莫夫在1948年联名发表了一篇论文，但是实际上贝泽却没有为这篇文章做任何工作，是伽莫夫为开一个玩笑而加上了贝泽的名字。这篇论文后来被叫作“阿尔法－贝塔－伽马大作”。不过贝泽可不仅仅是一个好听的名字，他荣获了1967年的诺贝尔物理学奖。

点）。在20世纪40年代末的一次无线电广播节目中，霍伊尔把这个难题置于一边，并断言对此会存在另外的解释，“如果宇宙起始于一次大爆炸”，他不无嘲讽地说，“这种爆炸理应留下某种遗迹，那就请把它找出来吧。”

然而，更具讽刺的是，霍伊尔为了抨击大爆炸理论而创造出来的名字从此却青史永驻，他对大爆炸理论支持者提出的找出大爆炸遗迹的挑战，却导致了足够支持这个理论的证据的出现。霍伊尔不仅没能驳倒大爆炸理论，从长远来看倒是促进了它的发展。事实上，在1948年，几乎是与霍伊尔和他的两位在剑桥的同事邦迪、戈尔德第一次正式宣布他们的论点支持稳恒态宇宙的同时，另一组物理学家已经收集到了导致与他们相反结论的证据。对于运气不佳的霍伊尔来说，1948年成了因其失误而难忘的一年。

来自宇宙的干扰

1948年，乔治·伽莫夫和他的学生拉尔夫·阿尔弗得出结论，如果发生过大爆炸，霍伊尔所说的大爆炸遗迹就应该存在。他们经过计算，认为爆炸时曾产生出大量的热，以合成形成第一批恒星所需要的氢元素，事实上还同时合成了一些氦元素。按照他们的说法，氢元素占80%，氦元素占20%。这一比例与用夫琅和费的光谱分析方法得到的最早期的星系中氢和氦的比例完全相符。他们还坚信，合成这些元素的高温火球的剩余热量到了100多亿年后的今天也不会完全消失。

伽莫夫本性幽默，他在汉斯·贝泽事先一无所知的情况下，就把他列为论文的署名者之一，目的仅仅是凑成“阿尔弗，贝泽，伽莫夫”三位作者，而这三个姓氏的字头正好与希腊字母中的前三个“α，β，γ”谐音。伽莫夫了解贝泽，知道他绝不会为这个玩笑而恼怒。不过，他却没能想到后来会有更大的笑话发生，任何聪明的人对此都始料不及，这后来在科学界中传为佳话。

在20世纪60年代，美国新泽西州的普林斯顿大学有一个研究小组，正在计划寻找伽莫夫等人的论文中所预言的背景辐射（即霍伊尔认为不可能找到的“遗迹”）。他们精心地设计着相关的实验。为了从来自宇宙中的诸多信号中提取出他们要寻找的微弱辐射，所用的仪器必须经过仔细的校准。而且，为了用已知的温度来为探测对象的温度定标，他们还在实验中准备了一个“冷源”。在这个小组中工作的罗伯特·狄克和他的同事们，自信已经把探测仪器设计得完美无缺。有一天午餐时间，他们正在一边品味三明治，一边讨论下一步的工作，忽然电话铃响了，去接电话的是狄克。打电话来的是受顾于贝尔电话实验室的工程师彭齐亚斯和威尔逊，他们正在准备无线电接收天线以进行卫星传输实验。在他们的工作中遇到了一些“干扰”问题。为了排除“干扰”，他们检查了天线，甚至清除了巨大牛角形天线中的鸽子粪便——但是“不幸”的是“干扰”依旧如故。为了确定在各个方向上都存在的“干扰”的温度，他们也和狄克小组一样在探测系统中附加了一个“冷源”。当他们得知狄克小组正在倾注全力研究宇宙辐射时，便主动地来联系，希望得到帮助以弄清“干扰”的问题。

实际上，彭齐亚斯和威尔逊已经对那恼人的“干扰”的性质了如指掌。当狄克的同事们把在电话交谈中得到的信息综合起来时，他们开始渐渐沉默了。从电话中他们知道在电话的另一端有人正在用冷源确定所探测到的辐射的温度，知道了这个温度比绝对零度高3度、总保持在3K，这个辐射来自空间的所有方向上。狄克的情绪变得一落千丈，他的同事们也都有相同的感觉。这次电话之后，狄克说：“我们输掉了。”他们原先满怀希望以为这项发现能获得诺贝尔奖，结果别人已经率先发现了这种辐射。贝尔电话实验室的这两位工程师可谓精明能干，他们偶然地发现了邻居的科

• 普林斯顿大学的大卫·威尔金森和他为探测大爆炸遗留下来的辐射而帮助研制的角形天线。

● 贝尔实验室的巨型牛角形天线（左图）。鲍伯·威尔逊和阿诺·彭齐亚斯（右图）用这架天线偶然地发现了大爆炸遗留下来的宇宙微波背景辐射，并荣获 1978 年诺贝尔物理学奖。

学家小组正在努力寻找的东西，即霍伊尔提到过的大爆炸遗迹。彭齐亚斯和威尔逊最终荣获了诺贝尔奖。

坠入洞中

不管是谁发现了宇宙背景辐射，大爆炸学说终于得到了强有力的实验证据。这是在斯蒂芬·霍金正在攻读博士学位期间发生的事情，也可能是致使他选择大爆炸理论和爱因斯坦相对论作为博士论文主题的原因之一。你可能还记得，当爱因斯坦会见哈勃和勒梅特，并承认他的“宇宙学常数”是一个巨大的失误时，他的方程预示着宇宙处在微微膨胀的状态之中。这正好可以回答牛顿对于他自己的无限永恒的宇宙模型所感到困惑的那个问题：既然宇宙无疑地是被万有引力所主宰，为什么全宇宙的物质没有最终地凝聚为一体呢？现在有了一个现成的答案：已经为哈勃观测到和为爱因斯坦所预言到的宇宙的膨胀趋势，从相反的方向抵消掉了万有引力。

鉴于以上的事实，一些理论物理学家开始研究相对论的方程，看它对宇宙另外还能预示着什么。因为斯蒂芬·霍金计划把与此相关的问题作为学位论文的专题，导师夏玛就到牛津大学去，听取正在研究爱因斯坦理论的数学家罗杰·彭洛斯的相关见解。彭洛斯正在研究爱因斯坦方程可能导致的另一种结果，即由于引力的驱使，宇宙中大量的物质会坠入一个体积不断变小、密度不断变大的很小区域中，他称这个区域为“奇点”。

对于物理定律，科学家们承认，这种情形在一定条件下具有理论的意义；但如果这些条件不具备，那么如果发生坍塌，那些曾正确预示会发生坍塌的物理定律就会全部乱套。为了尽量维持物理定律不至于变得无效，科学家们希望从数学上能推演出另外的结果来取代坍塌。然而数学却未遂人愿，彭洛斯的结果显示坍塌在所难免。对于一般公众来说，这种物质的坍塌既荒唐而又难以置信；科学家们要将其视为像日常生活那样真实也非易事。然而我们在后面将看到，这的确有着极大的理论意义。事实上，彭洛斯所描述的正是一个黑洞，坠入黑洞中的全部物质都会被压缩到一个奇点上。斯蒂芬·霍金意识到，如果把时间反演、把彭洛斯所描述的坍塌过程逆过来，那就恰恰是大爆炸的过程。斯蒂芬推论说，彭洛斯的奇点，就是爱因斯坦理论中等同于勒梅特所说的原始原子的东西，它会发生大爆炸，其过程与黑洞的物质坍塌过程相反，并把物质释放出来。

斯蒂芬·霍金和彭洛斯在1970年发表的论文中用数学方法证明，如果爱因斯坦方程是正确的，则黑洞必然要导致奇点，它必定在宇宙形成之始就存在了。这时，物理学就面临着一种危机，即如果物理学定律不适用于宇宙诞生的那个时刻，那么它们就不具有普遍的适用性。但是相当多的物理学家此时已经接受了“宇宙诞生于一次大爆炸”的说法，他们似乎不需要更多的解释。因为那篇论文论述的基点是爱因斯坦方程是正确的——迄今所有的观测证据都支持爱因斯坦方程的正确性，所以宇宙只能诞生于一次大爆炸，因为这是爱因斯坦方程可能导致的唯一结果。

● 毕业于牛津大学之后，斯蒂芬·霍金作为研究生于1963年来到了剑桥大学。

天主教会方面则高兴地看到，霍金的观点支持了勒梅特牧师的宇宙创生模型，于是给他颁发了“罗马教皇奖章”。这或许是一个公开的象征，说明始于伽利略时代的教会与科学界不和谐的

● 罗杰·彭洛斯（站在汽车踏板上）在丹尼斯·夏玛（他的旁边）说服下，将他的非凡数学才能应用于宇宙学研究。夏玛当时是霍金的博士学业的导师，所以他是霍金和彭洛斯合作的促进者。

关系已经修复。尽管如果教会发现伽利略乃是斯蒂芬·霍金心目中的英雄时，难免陷于尴尬。

宇宙中的纹波

斯蒂芬·霍金关于奇点问题的研究为宇宙大爆炸理论提供了理论上的依据。大爆炸理论的最新的实验证据（有人认为是决定性的证据），得自于“宇宙背景探索者”卫星（COBE）。彭齐亚斯和威尔逊在 1965 年发现了大爆炸遗留下来的宇宙微波背景辐射之后，霍伊尔等人认为温度太均匀了，不可能导致星系在其中演化成功。而如果对宇宙背景辐射的解释不是来自大爆炸，就会给稳恒态宇宙模型留下立足之地。面对这一挑战促使一部分大爆炸理论的支持者开始努力寻找宇宙背景辐射中的扰动（即微小的温度变化，这样星系在其中就有形成的机会）。

如果在宇宙背景辐射中没有微小的温度差异，那么在宇宙的演化中就不会有任何变化发生。一切都存在于一碗热量均匀的能量汤中。当亚原子粒子出现时，它们会均匀地向四面八方散开。物质的分布状态没有致密和稀疏之分，到处都是均匀的。但是，宇宙真实的演化过程却绝非如此。大量的物质会凝聚到一起而形成星系，在星系与星系之间隔着巨大的空间。在宇宙演化的最初阶段，只要在不同的空间存在很小的温差，就能解释上述的演化过程。在温度稍高一些的点上会有较高的能量，那里也聚集了较多的物质粒子。引力将这些较密的粒子群吸引到一起，形成更紧密的团块，此后还会把形成于较冷区域的粒子都吸引过来。较冷区域失去了物质粒子，变成了星系之间的空间地带；而在温度较高的区域的物质粒子则形成了最初的星系。

● 彭洛斯所描述的恒星坍塌为一个奇点的过程是对黑洞（见第十一章）的最好的理论解释。这幅艺术创意画把奇点描绘成在黑洞深处的一个黑点，它是这样的致密，包括光在内的所有东西都不能逃脱它的引力场。在外面的三条光线受到奇点和黑洞的引力作用而弯曲，但它们最终还是逃脱了。第四条光线恰好处于被截获和能逃脱的临界状态而绕黑洞运动。在最里面的第五条光线则完全被截获了，它永远不能再从黑洞逃脱。

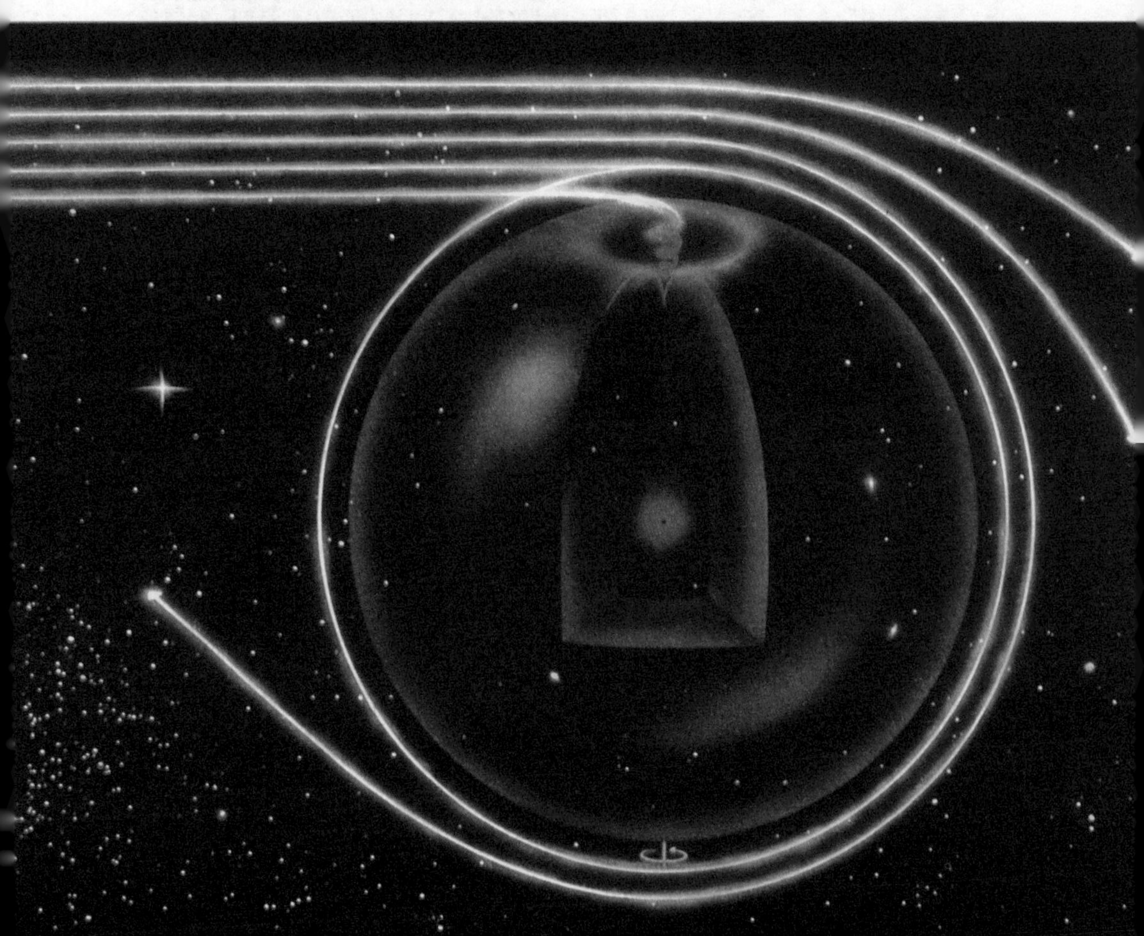

伯克利大学的物理学家乔治·斯姆特和一组实验宇宙学家，想在实验上证明大爆炸理论是正确的。为达此目的，他们想找到宇宙背景辐射中的微小温度变化。他们认为最初在彭齐亚斯和威尔逊的实验中所用的仪器根本不能探测到这种变化，于是他们必须研制出一套有足够高灵敏度和高精度的仪器，并且要尽量消除各种可能的干扰。例如地球大气层也能引起背景辐射的微小温度变化。

为了把重量和体积像一辆小汽车大小的复杂设备送上天空，他们原计划使用充氦气球。这只气球要有一个足球场那样大，但气球的壁会像塑料袋那样薄，因此它很脆弱。它也很容易受风的影响而改变方向，致使操作人员很难得知气球进行观测的位置。当然可以遥控气球的位置和取得观测数据，但在观测结束引爆气球并打开降落伞让设备徐徐落下时，很不容易控制使它落在安全和方便的地方。如果这些昂贵的设备有任何损坏，显然所付出的代价是很高的。

出于上述这些理由，他们选择的下一个方案是使用 U2 飞机。一个特制的机舱盖用来把灵敏的探测器直接固定在机舱之外，因为即使透过机舱窗口上的玻璃也会对他们的观测形成障碍。他们后来还发现，飞机不停的飞行和有限的飞行时间也对观测造成了不利的影响。因为飞机不能像气球那样驻留在高空的同一个位置上，而且由于燃料问题，即使飞机重复飞过天空的某一点，也难以取得足够的数据。看来，正如他们早已预见到的那样，唯一最现实的选择应该是人造卫星。人造卫星完全在地球大气层之外工作，可以借助于小型电机来遥控点火，使它准确停留在地球同步轨道的指定位置上，这使得它作为一个观测平台有和气球一样的稳定的效果，同时有优越的工作环境。

这些科学家知道，从美国国家航空与航天局（NASA）为他们的实验争取一个机会，可不是一件容易的事，但他们依然非常认真地做着准备。令人欣喜的是，他们居然得到了发射卫星进行实验的机会。在完成了卫星制造和所有设备及遥控系统的测试之后，由于 NASA 的航天器方面的问题，发射计划被推迟了一段时间。1989 年，他们的计划终于付诸实施了。COBE 卫星由火箭携带升空，几乎立即就接收到了从卫星发射回来的准确无误的观测数据。他们很快就对彭齐亚斯和威尔逊的宇宙背景辐射观测结果进行了确认；但后来又花了两年的时间来处理 COBE 的数据，消除干扰和模糊不清之处，最终由计算机绘制出了图像。

- 如果宇宙起源于大爆炸，则宇宙要成为我们今天看到的宇宙，下述关键的东西必定是真实的：
  （1） 大爆炸后的一秒钟内，所产生的能量的温度必须有微小的不均匀性，这种不均匀性只能在“热雾”冷却到一定程度后变得透明时被探测到；
  （2）这种冷却出现在大爆炸发生 30 万年后；
  （3）由于这种微小的温度差异的存在，星系及星系间的空间才得以形成。

● 乔治 · 斯姆特与他的研究组讨论他们用过的一个早期探测器的细节。他们研制的探测器必须比彭齐亚斯和威尔逊的探测器灵敏得多，才能保证观测到背景辐射中的微小温度差异。

1992年初，斯姆特发现了一件事令他激动不已。在计算机根据COBE数据绘制的一张关于早期宇宙的图上，显示出了结构上的细微变化。虽然斯姆特认为这种变化是真实的，但是为了保证这些变化的绝对真实，他还是要求组内的一位同事独立地再次处理这些数据，但是仅告诉这位同事，他认为有一种特殊的处理方法看来是很有希望的。第二天早上，斯姆特在办公室门下发现了一张计算机图像，这张图和斯姆特自己用计算机绘制出来的一模一样，上面还贴有一张写着“Eureka”字样的纸条(据说当阿基米德发现关于浮力的阿基米德原理时，曾高喊着“Eureka”，意为“我找到了”)。

斯姆特用粉红色和蓝色分别来代表计算机图像中温度较高和温度较低的区域，这种图像一时间就传遍全球。通过COBE观测到的宇宙背景变化的结果曾受到质疑，并被反复地核实和验证，但不久后其意义就得到广泛承认。由大爆炸所遗留下来的宇宙背景辐射中确实存在着细微的温度变化，使得星系从中得以形成并演化成今天的样子。大爆炸理论再次得到实验的支持。

从勒梅特在1927年提出关于原始原子的设想，到霍金对相对论的研究以及COBE的观测结果对大爆炸理论的进一步证实，这一过程跨越了不足50年。与托勒密的地心说在1500年中一直占统治地位相比，前一过程是非常短的。而牛顿的无限、永恒的宇宙模型也曾在长达近200年中独领风骚。所以，尽管大爆炸理论现在被人们普遍地接受了，但在今天它也并非被完全彻底地接受。毕竟，要人们相信在我们这个多彩的星球上的万事万物，包括山脉、海洋、动物、植物，还有我们人类自己，都是来自一个奇点，一个比原子更小但是密度却异乎寻常地高的东西，这真是太勉为其难了。

• 建造中的COBE卫星。它所需要的探测器要能经受得住卫星发射升空时产生的应力，并仍然能够记录下它所探测到的辐射中不到一度的温度差异。

地球的质量虽然巨大，但在宇宙中不过就像汪洋大海中的一滴水。如果大爆炸理论是正确的，那么大爆炸一定产生了构成围绕太阳运行的行星的所有物质，这也包括我们的地球。而太阳也不过是银河系中几十亿颗星星中的一颗小星星（现代天文学认为银河系中有1000亿颗以上恒星。——译者）。在宇宙中的几十亿个星系中的每一个星系都是在大爆炸后从一个奇点中产生出来的（迄今为止天文学家已经观测到的河外星系超过了1000亿个。——译者）。大爆炸发生后，星系们都在相互远离而去，一直到150亿年以后的今天，膨胀仍然在继续。

• COBE 卫星发射升空。

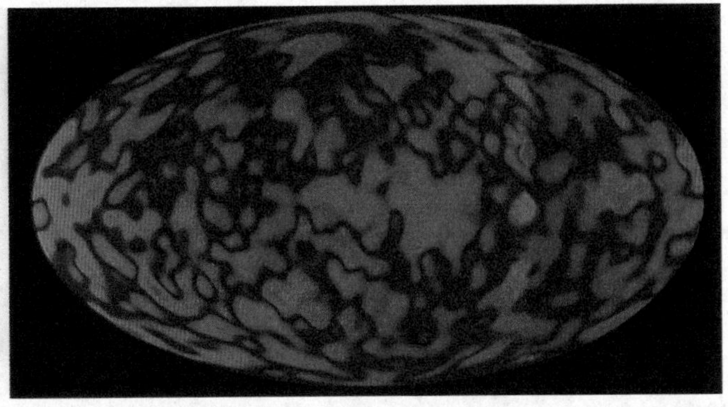

• （左图）乔治·斯姆特和他最早使用过的一种探测宇宙背景辐射不均匀性的角状天线，他认为这种不均匀性的存在可以导致在大爆炸后星系等的形成。

（右图）计算机绘制的宇宙背景辐射图，它揭示了不均匀性的存在。斯姆特将其比喻为“宇宙蛋”，从中可以孵化出宇宙的一切。

如果从哈勃红移的计算结果出发，把空间和时间上溯，就会出现所有的星系都集中在一个点上的情况，这是一个必然出现的结果，也是在20世纪中物理学得到的一个最令人吃惊的成就。存在众多的各种证据说明这个结论是正确的，所以现在要推翻它是越来越困难了。除了哈勃的观测结果之外，爱因斯坦的广义相对论、斯蒂芬·霍金后来的研究都支持了这种理论。彭齐亚斯和威尔逊以及斯姆特的最新观测结果都显示出，我们有能力掌握宇宙的宏观运动状态，尽管初看起来这是很困难的。在宏观物理学研究取得如此惊人的成就的同时，微观物理学也同样迅速地发展着。这个另外的物理学分支有助于我们对物质的本性有更多的了解，从而有可能揭示宇宙中大量的物质是从何而来的奥秘。

- 在有些星系的中心，用望远镜看到了向空间射出的长达数十亿英里的物质喷流。人们不禁遐想，有些喷流可能会形成与我们的地球相似的行星，甚至我们自己的血肉之躯也许是由这样的喷流形成的。

第六章

原子的故事

大大小小的万事万物

是巫师还是科学家

称量元素

门捷列夫洗纸牌

温暖的蓝光

大大小小的万事万物

古希腊人对周围世界的一切都寄予深深的思索，正如他们对宇宙本质的冥思苦想一样。他们的思想不知不觉地演变成物理学的一个分支。这个分支与宇宙学和天文学平行发展，但与它们没有结合在一起。到了20世纪，人类对宇宙本质的认识，已经从毕达哥拉斯和埃拉托西尼的数学表述发展到了爱因斯坦的数学表述。他们都试图用方程和公式来描述太阳、恒星和行星等的纷繁复杂的关系。而爱因斯坦的理论主要是关于时间、空间和引力的本质的，并不涉及微观的原子的组成与排列方式。物理学在爱因斯坦相对论那里达到了登峰造极，被认为是宏观物理学。但研究微观世界的问题也是十分必要的——今天我们称之为粒子物理或量子物理，然而微观物理学与宏观物理学的发展模式却截然不同。

宏观物理学仍旧按照经典物理学的模式发展。关于宇宙本质的理论，要用精心的观测或实验的结果来判断它正确与否。这种观测或实验的结果又可以导致新的科学观点的出现，而新观点同样要用观测和实验来决定其生死存亡。托勒密的宇宙观看似正确无误，但伽利略的观测结果一旦出现，就导致了它的寿终正寝，给建立在牛顿运动理论基础之上的新宇宙学问世创造了契机。多普勒效应和夫琅和费关于物质特征光谱的发现，都是经过了实验的检验和确认的，这使得建立在哈勃观测结果基础上的、起始于一个奇点的宇宙模型问世成为可能。爱因斯坦的数学表明了，这样的宇宙是怎样演化的和它怎样服从于关于时间、空间的物理定律，但却没有能完全解释宇宙中的物质（包括星系和其中的几十亿颗恒星、我们的太阳和它所属的行星）是如何从唯一的基本的初始状态——勒梅特的原始原子中创生出来的。

认为万事万物是由一种或若干种基本物质组成的观念可谓由来已久。古希腊人和他们以前的人类一样，认为气、水、火、土这四种物质构成了我们周围的各种物体。气、水、火、土总是通过某种方式结合起来而组成万事万物。它们中的每一个都有独特的能力。例如水可以溶解物质，火可以加热和熔化物质，空气能吹散火和使水蒸发，土是固体物质，它使其他三种物质可以作用于它而产生新的物质。

古希腊人也坚信，所有物质都可以被不断地切分得越来越小，一直到不能再分下去为止。这种不能再分的最小碎块他们称之为原子。在希腊语中

• 一直到 1500 年前后，在欧洲人们还认为由四种基本元素组成了自然界的所有物质。这四种基本元素是气、水、火、土。画中的飞鸟代表了不可见的空气，而土则被认为可以包容其他所有的物质。

“原子”一词即“不能分割”的意思。所以，当毕达哥拉斯试图用数学的和谐来描述地球和恒星之间的关系时，人们也逐渐地倾向于相信在地球上的各种物质之间也应该具有类似的和谐的关系；存在着一些基本的结合方式和顺序，可以用来解释这些物质之间的关系。

是巫师还是科学家

研究物质基本结构的工作在最初时并不是为了认识世界的目的，而是在试验能否把一种物质变成另一种物质。最早进行那些实验的是一些炼金术士，实验是很不科学的。在炼金术士头脑里更多的是迷信和非常古老的观念。炼金术是要找寻一种方法把一些普通金属变成如黄金这样的贵金属。炼金术士们相信，依靠火的力量再加上一些合适的神奇的配方就可以把一种元素变成另一种元素；他们要做的就是在合适的条件下不断地把一些物质混合、加热，并认为终将碰巧达到目的。他们把粪和尿这些令人厌恶的东西溶入水中，有些气体就会从这种混合物中生成。

他们把一些固态物熔化后混合到一起，或者从熔化的混合物质中分离出一种物质来。然而这些都不能实现炼金术士们预想的那种物质之间的神奇转变。于是他们转而求救于占星术和神秘主义，企图另寻途径找到物质转变的

● 这幅 15 世纪的绘画把炼金术士表现为庸医。由于炼金术并不能真的点石成金，甚至在中世纪它就已经名声扫地。

秘密。这样，他们就放弃了原先认为火这种来自太阳和恒星的能量可以创造出新的物质的信念。事实上，当教会成为当时的学术中心时，它就宣布炼金术是魔法和巫术，下命令查封或焚毁炼金术的文献。

然而，我们从后文将看到，炼金术士们已经相当接近正确地认识物质的科学本原和宇宙中无限多的各种物质的来源，这一点颇有些不可思议了。炼金术士们毕竟相信来自太阳和来自恒星的能量有一定的联系。尽管遭到教会方面的抨击，但炼金术确实给科学提供了研究认识物质本性的很多有用的东西。

称量元素

炼金术士们的全部分解、溶解、气化和熔化物质的技术，都被最早的化学家们继承下来，用于分解他们可以得到的物质。不久之后他们就意识到，有许多东西是由一种或多种化学物质组成的化合物，可以用与炼金术士们使用的非常相似的方法把化合物分解开来并予以辨认。化学家们还进一步认出了不能再继续分解下去的化学物质，这些似乎是最基本的物质，所以称之为元素。他们假定元素是组成所有物质的基础。

当然，最早的化学家们不可能想到，在20世纪时，按照大爆炸理论，科学会认为所有的物质都来自单一本原。所以在理论上他们不曾去关心已经发现的各种化学元素相互之间是否有着一定的联系，或者是否存在把一种元素转变成另一种元素的可能性，然而他们也不大相信各种物质之间完全不存在联系。在这个时候已经发现了60种以上的化学元素。显而易见，古代的关于气、火、水、土是构成所有物质的本原的理论是错误的，可是，如果60多种不同的元素都可以归结为各自的基本原子，那么作为物质基础的原子的种类又似乎太多了。

当时，原子是物质的基础的观念没有受到质疑。人们接受了这样一种观念，一种元素可能分解到的最小“碎片”就是那种元素的原子。对早期的化学家们来说，发现各种元素之间的奇妙关系似乎比弄清楚原子的性质更重要，所以当时化学研究的焦点集中在怎样区分不同种类的原子这一问题上。化学家们注意到，有不同种类的元素的性质在某些方面是相似的。例如，所有的酸都能溶解金属，一些气体很容易燃烧，有些却能迫使正在燃烧的蜡烛熄灭。于是，化学家们自然地想到应该把化学元素分组归类，并且按照呈现出的不同性质给化学元素排序。这是当时化学家们面对的一个非常有趣的挑战性课题；并且，这一课题开始时并没有和确定已经发现的各种元素的原子的大小、重量和质量的工作发生任何联系。

事实上，测算有关原子的这些细节是一项非同小可的工作，人们没有办法剥离一个原子并对它称重和度量；然而一件可能做到的事是，在化学物质混合起来发生化学反应之前对它们称重和度量；而在发生化学反应之后，再测量出化学反应中产生的新化合物的重量和体积。通过这种方法，化学家们建立了关于不同元素的重量和体积的相对大小的认识。有些物质数量很大然而却很轻，有的物质数量不多相对说来却很重。化学家们也认识到，将某种物质的温度升高一定度数总是需要一定量的热量，而将另一种不同的物质的温度升高同样度数则可能需要不同数量的热量。可以用一个特殊的数字来表示升高每一种物质的温度所需的热量，这个数字叫作比热。从与各种元素相关的这一系列数字量，化学家们能得到表示每一种元素原子质量的数字量。尽管当时化学家们还不能用毫米或毫克为单位来表示出每一种元素原子的大小和质量，但至少他们能以一种元素为标准单位，然后计算出其他元素的相对值来。最初是以氧为标准单位，后来是用碳作标准单位，

• 多米特里·门捷列夫（1834—1907）是家里14个孩子中最小的一个。最初他显得是一位很平常的学者，但后来却出乎人们意料地在化学研究中取得了突破，成为世界著名的科学家。

关键之处是对每一种元素都给出了质量或原子量的数值。

然而，早期给出的各种元素的原子量似乎有些随意性，并且看不出它与60多种不同元素类似或不同的化学性质之间的关系，所以这些数字曾被认为就如已发现的元素种类数一样，是没有什么意义的数字。化学家们由此认为，不管会发现多少种元素，也不管元素的原子量是多少，原子量将不会揭示不同元素之间的关系，不同元素化学性质的相似性也与原子量无关——一直到多米特里·门捷列夫才证明并非如此。

门捷列夫洗纸牌

看来从孩提时代起门捷列夫就对化学怀有浓厚的兴趣。他的母亲在西伯利亚开着一间玻璃制造工场，在那里为了对在熔炉中熔化的玻璃染色，使用了很多种化学制剂。门捷列夫目睹了人们仔细地对加入玻璃的化学制剂称重以控制玻璃的不同颜色，这使得门捷列夫意识到，不同元素的原子量比以前人们所理解到的可能还要重要得多。

后来，在玻璃制造工场毁于一场大火之后，母亲认为到了该认真地考虑儿子前程问题的时候了。1848年，为了让门捷列夫能到彼得堡读大学，他们开始了从西伯利亚到彼得堡的长途旅行。据说他们用了两年的时间才走完这段2250公里的路程。也就在刚刚到达彼得堡的时候，母亲就去世了。但是她的决定已经给儿子选择了终生的事业。像许多学子一样，门捷列夫终于有了自己的生计。他为一项政府计划工作，受命把一些石油产品分类。由此，门捷列夫得到了一种认识方面的启发。他从这里想到，所有的物质都能按某种方式分类，特别是各种化学元素。

据说在一天晚上，门捷列夫正在写作他的关于这一题目的论文，但还没有想好怎样最后完成它。他感到有些累了，于是就躺倒在床上。然而在梦乡之中他却找到了他要找的灵感。为什么不按原子量来对各种元素分类呢？他突然间感觉到这种分类方法要比按元素的化学性质来分类优越得多。他拿出了一副扑克牌——看来门捷列夫很喜欢打扑克牌——把已知的各种元素的符号和原子量都各自写在一张牌上。然后就思考着怎样排列每一张牌。

门捷列夫终于有了重要的发现，不管是在梦中还是在排列纸牌的桌上。如果作两项假定，则初看起来没有任何关联的各种元素的原子量就变成了非

● 将各种不同比例的化学品与熔融的玻璃混合，可以得到各种各样的颜色。大概就是这种生产过程使门捷列夫最先想到了原子量的重要性。

常有意义的序列。这两项假定是，在一些已经发现的元素之间还有某些尚未发现的元素，以及已经知道的一些元素的原子量需要做一定的稍许改变（当时还没能精确地测量一些元素的原子量，这些假定今天看来并非不合理）。在对纸牌的顺序进行了若干次移动和调整之后，门捷列夫终于发现了第一版的正确的元素周期表。在其中元素被分成了不同的族，在每一族中各种元素的原子量的差别是有规则的。

● 叶夫根尼·巴巴耶夫教授对门捷列夫发现周期表的方法赞叹不已。

当时门捷列夫并不很明白为什么各种元素会结成这样一种关系。但是，后来人们发现，每一种新元素的发现就正好能填补元素周期表上留下的一个空缺，这就证明了门捷列夫是正确的。现在我们知道，原子量每增加 1 就可以解释为增加了一个亚原子粒子，同时导致了从一种元素到下一种元素的变化。不同元素之间的差异就来自组成各种元素的原子内部的粒子数的差异。假如没有门捷列夫的发现，我们的认识就不能达到这样深刻的程度。他给我们指明了理解物质本性的正确方向以及各种元素之间的关系。如果我们认为所有物质都来自大爆炸，就必然存在着一种途径；沿着这个途径，所有的元素、所有的物质从那个共同起点上演化到了今天的形态。

温暖的蓝光

据说门捷列夫去世之前曾经说，如果要更深入地了解物质的本性，应该更仔细地研究元素铀。若是门捷列夫真的这样说过，那么他的预言就真的是很神奇的。因为在19世纪末，特别是在法国，元素铀的性质给原子不可分的观念带来了质疑。亨利·贝克勒尔是持有这种质疑的人之一，他发现了铀似乎在发射某种射线，继而决心弄清楚辐射出来的到底是什么。作为第一步，贝克勒尔想看看铀的辐射是否如他猜想的那样是一种能量。他从一开始就相信太阳光能够激发这种能量释放，并能使照相底片感光（当时刚刚发明了摄影术）。贝克勒尔用厚的黑纸把一张没有曝光的底片包起来，再小心翼翼地把几块晶体铀盐放在黑纸包的上面。可是因为适逢天气转阴，他决定把实验推迟几天。于是他把这些东西都收藏到一个大抽屉里，等待着晴天的到来。当天气放晴，他再取出他的试验品时，所发生的事情却使他大吃一惊。

更多的是出于直觉的驱使，贝克勒尔在暗室中打开黑纸包并使底片显影，他的直觉得到了回报，底片上的接近铀晶体的位置上出现了黑影，其效果就如同这里发生了曝光一样。当然整个底片是没有曝光的，这无疑地是铀晶体所发出的辐射所导致的结果。与光相比有所不同的是，铀的辐射有穿透黑纸的能力。

早在60年前，米歇尔·法拉第就发明了发电的方法，在贝克勒尔的时代科学家们已经能用测量电流强度的办法来测量各种形式的功率和能量。在巴黎，皮埃尔·居里和玛丽亚·居里夫妇决定设计一个实验来测量贝克勒尔所发现的来自铀的辐射的强度。他们已经了解到，沿着其在空气中传播的轨迹，铀的辐射具有导电的性能，所以对一个放置铀样品的金属板充以电荷，然后测试铀的辐射是否能把电荷传递到放置在它的正上方的另一个金属板上。像金和铜等别的元素是不会具有这种性能的，但铀却可以；实验结果显示了来自铀的辐射的确能使空气具有导电的能力。

为了确认有关铀辐射的强度，居里夫妇又设计了可以重复进行的实验，实验的具体目的是，在使用更多铀样品和对下方的金属板充以更多的电荷的条件下，测量辐射强度是不是恒定的。虽然没有办法直接测量辐射强度，但从法拉第的研究中已经知道电流可以使导线发生偏转，所以他们就把上方的金属板和一根导线连接起来；结果确定无疑地表明，由于有从下方的金属板到上方的金属板的电流通过，导线发生了偏转。然后，他们另外产生一个其强度可以精确控制的电流，以反方向通入同一根导线中，这个电流会使导线向相反的方向偏转。在使导线回到原来的位置后，测量出这个反向电流的大小，就知道了需要多少能量才能与铀样品所辐射出的能量相平衡，这样就能计算出辐射能量的大小了。

居里夫妇非常仔细地进行了他们的可重复实验，使得他们得以测量出铀辐射能量的微小变化。这是他们的不朽功绩。他们接着发现了一些不同寻常的现象。他们提取铀的原材料本来是沥青铀矿，后来他们设想，如果直接使用这种未经提纯的原材料而不用提取出来的铀，也许会节省时间。在使用原材料的实验中，考虑到杂质的原因，他们原先估计只能测量到较弱的电流，然而出乎意料的是，这时他们所测量到的电流比以前使用纯铀做实验时得到的电流强度要大得多。对这一现象只有一种可能的解释，即在沥青铀矿中含有一种与铀不同的新元素，它能产生比铀的辐射更强的辐射。现在面临的一个挑战是，怎样把这种新的未知元素分离出来。

为了把沥青铀矿的成分分离出来，居里夫妇进行了艰苦的工作。他们使

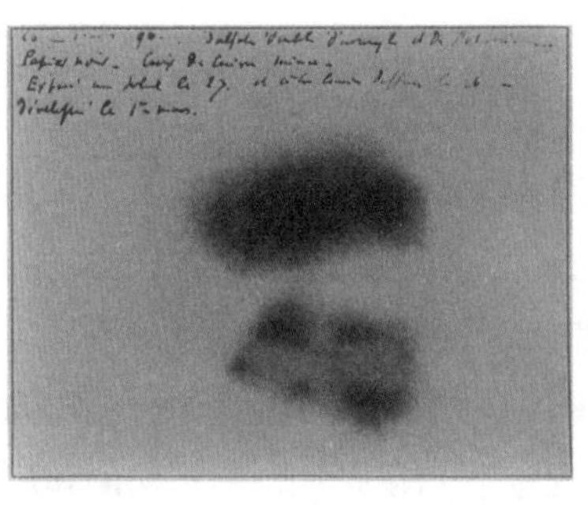

• 亨利·贝克勒尔（右图）（1852—1908）在无意中发现了放射性。他起初认为只有在阳光照射下铀盐才能对底片发生作用。因为遇到了阴天，他把铀盐放在了包着底片的黑纸包上面，又把它们一同放在抽屉里等待晴天的到来。三天之后他把底片拿出来显影，发现底片已经在铀盐作用下产生了斑块（上图），尽管黑纸包从未打开过。

● 玛丽亚·居里（1868—1934）了解到了贝克勒尔的发现，便立刻决定把更深入研究物质放射性本质作为她自己的研究生学位论文的基本内容。

用了所有的传统化学方法，包括加热和溶解等。在每一阶段他们都要弄清楚分离出来的物质是什么，他们燃烧这些物质，用折射方法得到物质的光谱，然后观察在光谱中能得到怎样的夫琅和费线图样。如果他们发现了全新的谱线图样，就进而分析这是不是某种新元素的光指纹。实际上，他们在沥青铀矿中发现了除铀以外的两种新的放射性元素，一种是钋（以玛丽亚·居里的祖国波兰为其命名），另一种是镭。

第二种元素镭几乎是人皆尽知而且难忘的。在化学中它具有无可怀疑的重要性，居里夫妇计算出了它的原子量，它正好填补了门捷列夫留下的未知元素造成的在元素周期表上的一个空缺位置。它也受到了一般公众的关注，即使是最不具备科学素养的人也很容易理解镭的辐射是能量的一种形式。居里夫妇分离出了少量纯净的镭，它在夜间的实验室中闪闪发光。这种美丽的蓝色光于是被认为是有益的和奇妙的光芒，是一种可以用来治疗疾病的和用作装饰物的美好的光芒。有一位在巴黎女神游乐厅表演的女舞蹈演员，甚至请求居里夫妇给她提供一件覆盖着镭的舞服，好让她在黑暗中翩翩起舞。

当时还没有认识到镭的放射性辐射对人体是非常有害的。皮埃尔·居里曾经因为用手拿了沥青铀矿而致使他的手受到灼伤。居里夫妇二人的去世都被证明是与他们暴露在镭的辐射之中有关。不管怎样，从镭的原子中辐射出来数量可观的能量是千真万确的事实，这能量所携带的热和光使当时不仅仅包括科学家的许许多多的人着迷和倾倒。那么，一项挑战又摆在了科学家的面前，在镭原子内部发生了什么事情使得它向外辐射能量？

Seizième année. — N° 779. Huit pages : CINQ centimes Dimanche 10 Janvier 1904.

Le Petit Parisien

TOUS LES JOURS
Le Petit Parisien
(Six pages)
5 centimes

CHAQUE SEMAINE
LE SUPPLÉMENT LITTÉRAIRE
5 centimes

SUPPLÉMENT LITTÉRAIRE ILLUSTRÉ

DIRECTION: 18, rue d'Enghien (10e), PARIS

ABONNEMENTS
PARIS ET DÉPARTEMENTS:
12 mois, 4 fr. 50. 6 mois, 2 fr. 25
UNION POSTALE:
12 mois, 5 fr. 50. 6 mois, 3 fr

UNE NOUVELLE DÉCOUVERTE. — LE RADIUM

M. ET Mme CURIE DANS LEUR LABORATOIRE

● 玛丽亚和皮埃尔·居里夫妇率先发现镭时，人们想当然地赞赏镭是一种奇妙的好东西。当时无人意识到放射性也有其负面作用。

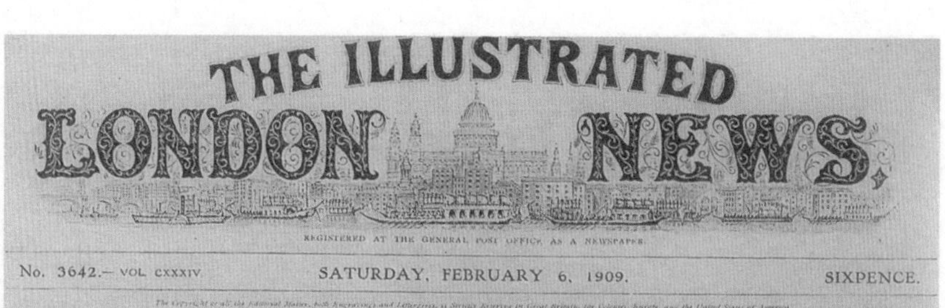

THE ILLUSTRATED LONDON NEWS,

REGISTERED AT THE GENERAL POST OFFICE AS A NEWSPAPER.

No. 3642.— VOL. CXXXIV. SATURDAY, FEBRUARY 6, 1909. SIXPENCE.

The Copyright of all the Editorial Matter, both Engravings and Letterpress, is Strictly Reserved in Great Britain, the Colonies, Europe, and the United States of America.

THE MYSTERIOUS CURE: A PATIENT UNDERGOING THE RADIUM TREATMENT AT THE LONDON HOSPITAL.

- 1909 年已经发现镭具有强大的医疗功用。人们毫不犹豫地立即付诸应用，甚至用于纯粹的化妆品。它似乎能够有效去除难看的胎记。

● 很快地又开发了镭的商业用途，带夜光的钟表成为流行时尚。镭所发出的温暖的蓝光甚至被认为可以用来固定发型。

虽然对物质本性的研究似乎不是宇宙学家们直接关注的事情，但这些问题的解决对他们来说也是非常重要的。这个时候，牛顿的无限永恒宇宙模型仍然占有统治的地位。持无神论观点的科学家们不想接受上帝创造宇宙的说法，所以解释清楚所有已知元素在宇宙中是怎样自然地演变的就成了最具关键性的任务，这似乎是反驳宗教的神创论者们的最有效的途径。神创论者们宣称，宇宙中存在着如此之多种类的物质，而且能以我们认识到的这种方式来创造世界，这只能是神的智慧的结果。在居里夫妇的时代，对神创论持反对意见的人们对宇宙中物质的演变过程还所知甚少。组成各种元素的原子似乎是作为组成万物的基础材料而存在的。门捷列夫的元素周期表显示出各种原子之间有一种可以预知的关系，但只有这些还不够，还不能给出为什么会存在各种元素这个问题的完美解释。

有些元素的原子会辐射出能量，这一现象的发现暗示着，对物质本性可能会有一种全新的解释。会不会存在比原子更小的粒子？如果存在，它会不会对科学家们理解宇宙中各种物质的演变过程有所帮助，而不必要去借助于神创论了呢？于是，比原子更小的亚原子物理学的时代来临了。它只用了20世纪开始的几十年的时间，就使得维系了2000多年的观念归于破产，原先认为是不可分的原子终于被证明是可分的了。

● 我们觉得我们的地球十分庞大，但它不过是大爆炸的能量所创造的宇宙中全部物质的极小部分而已。

第七章

创造一切的能量

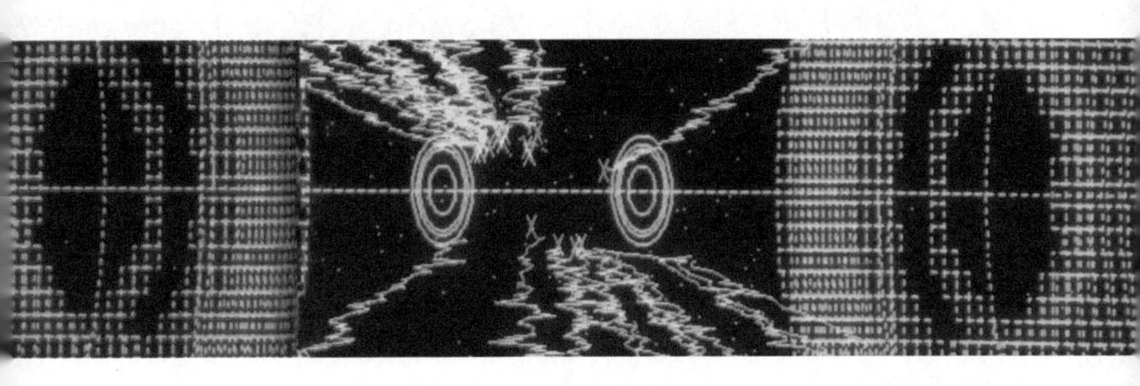

因近于炼金术而不安

● 恩内斯特·卢瑟福（1871—1937）。他经常和其他一些与他齐名的科学家合作。

恩内斯特·卢瑟福是一位来自新西兰的实验物理学家、居里夫妇的朋友。他决定把居里大妇关于镭的实验继续下去。他发现了一种精度更高的方法来研究镭和其他的放射性元素的辐射。居里夫妇研究表明，在镭的辐射与空气混合后，空气就变成了可以传导电流的导体。卢瑟福希望了解，镭的辐射是纯粹的能量流还是镭的蒸气与空气的混合物，或者是携带着能量的另一种物质粒子。他设想，除了居里夫妇测量到的能量以外，在辐射中可能还有以气态存在的另外的物质。

为了证实自己的假设，卢瑟福制作了两个探测室，两室中间有活动阀门连接，可以人为地打开和关闭。在阀门关闭的条件下，他使一个探测室中充满了的镭的辐射，用居里夫妇使用过的方法仔细地测量了其中气体携带的电荷量。当电荷量等于居里夫妇所测得的数值时，卢瑟福就肯定在探测室中的的确是镭的辐射。接着他就打开连接两个探测室的阀门，开始测量第二个探测室中的电荷量。这时他始终监视着两个探测室电荷量的变化，并且要把从开始打开阀门到两个探测室的电荷量达到相等时所经过的时间记录下来。卢瑟福推断，在这个时候，第一个探测室中的辐射已经扩散到第二个探测室中，并且两个探测室达到了平衡。最关键的因素是达到平衡状态所需的时间，因为这时人们已经知道，气体扩散所需的时间与气体的原子量成正比关系。卢瑟福希望以此来判断，以蒸气形式扩散的物质到底是不是镭。

可是，卢瑟福在多次进行的实验中发现，扩散所需要的时间与镭的相比较是完全不同的。这清楚地显示，辐射应该来自在元素周期表中原子量低于镭的某种元素。换句话说，卢瑟福已经发现了一种新的比镭轻的元素，这种元素同时生成于镭的辐射中。实际上，卢瑟福做的大多数关键性的实验所用的材料是释放氡气的钍元素。所以他是从错误的推理出发却得到了正确的结果。他计算得到的氡的原子量偏低，但显示出与镭的原子量截然不同，有一种新的未知元素存在于其中，这绝不是蒸气状态的镭。在推进人类对物质的认识方面，卢瑟福实验的最重要的意义在于，它所揭示的元素转变过程是在自然状态下自发地发生的。毫无疑问地，一种元素变成了另一种元素。这正是炼金术士们长久以来梦寐以求的那种过程。据说当时卢瑟福的一位助手苏迪曾喊道："我的天哪，卢瑟福，我们已经发现了嬗变！"

卢瑟福曾经为他所做的一切居然可能转弯抹角地和名声扫地的炼金术联系起来，真的感到有些恐惧。他拒绝使用炼金术士们常用的"嬗变"这个词来称呼他所发现的过程（"transmutation"曾被用来描述"点石成金"或"羽化成仙"的过程），以免招致对他的工作的科学性的怀疑。可是实际上他的工作确实证实了元素的转变过程，他所做的实验就揭示了这种转变；至少在一些特殊条件下，伴随能量释放的过程，一种元素可以由另一种元素产生。这可不等同于炼金术士们那种把一般金属变成黄金的美梦。但至少证明了，一种化

- 卢瑟福（右）和汉斯·盖革在一起测量 α 粒子镭射。1908 年，他们合作研究设计了现在被称为"盖革计数器"的辐射探测器的原型。

学元素变成另一种化学元素不仅仅是可能的——这是一种自然发生的过程。

宇宙学所关心的是，如果这种转变过程适用于所有的化学元素，而一切事物又都来自大爆炸，那么起码在理论上可以认为，大爆炸当时的无论什么产物能够一步步演变为现今宇宙中的所有物质。对于卢瑟福来说，他那时关心的并不是马上去证明他发现的放射性元素的这种转变过程是否适用于全部化学元素，他所面临的下一个挑战是，研究原子内部的何种机制造成了不同元素的转变。

解析原子

20世纪初期，科学家们已经在研究原子结构方面做了很多工作，其中包括发现了原子的若干组成成分。例如，英国物理学家汤姆森发现了电子。到汤姆森的实验以前为止，电被认为是能够在一些适用的金属制成的导线中流动的能量，它或可以由化学方法产生(就像今天仍在使用的汽车蓄电池)，或可以由机械方法产生(使线圈在磁场中运动)。另外还知道了可以控制电流在导线中沿两个相反的方向流动，以及就如同不同磁极具有的性质那样，沿相同方向流动的电流相互排斥，沿不同方向流动的电流相互吸引。用正电荷和负电荷来描述电流的不同方向，这种概念已经建立起来。可是，当时并没有人清楚电流到底是由什么组成的。

汤姆森发现，组成电流的是一种粒子。当电流在一支特殊的玻璃管中流动时，就可能探测到这种粒子。这种特殊的玻璃管后来被叫作阴极射线管。它的内部是被抽成真空的，但实际上其中还是残留着一些气体。管的两端装有金属板，板上可以充电，一端充以正电荷，一端充以负电荷。此时，即使两板之间没有导线连接，在其中也将有电流通过。利用这种装置，在没有导线连接两个金属板的情况下，汤姆森可以观察电流中有什么东西，而不会出现来自导线的干扰。由于玻璃管中残留气体的存在，当电流通过时，在管中出现了闪光。在汤姆森之前，就有科学家试图解释出现闪光的原因，但汤姆森被认为是第一个证明了闪光是一种名叫电子的微粒组成的粒子流造成的。在电子流独自行进时并不发生闪光，由于管中气体的存在，电子与之发生相互作用，于是产生了闪光。

汤姆森还发现，由电子流产生的闪光流会受到磁场的影响而发生偏转。

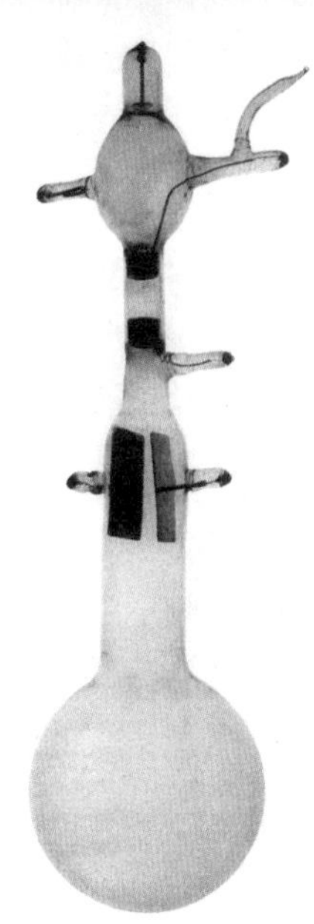

● （上图）约瑟夫·汤姆森（1856—1940）在他的关键实验中使用了阴极射线管（下图）。在此之前，德国的科学家们曾认为阴极射线管中的效应是由电磁辐射引起的，而汤姆森证实了这是一种由电子引起的效应。

分析闪光流偏转的方向，汤姆森断定，电子流所携带的是负电荷。再由闪光流在磁场中偏转的程度，汤姆森计算得出，电子的质量比已知的最轻的氢原子还要轻得多。这是否意味着，电子是比原子更为基本的粒子呢？若是如此，能否发现其他具有合适重量和物理性质的东西也可能是原子组成部分呢？很多科学家开始探索除电子之外在原子内部还有何许之物，并设想原子可能有的结构形式。有一种观点认为，带负电荷的电子以某种方式分布在每个原子都有的一个核的周围，原子核所带的是正电荷；这两种电荷之间的吸引力维系了原子作为一个整体而存在。

卢瑟福继续发展了这种理论。他的进一步研究表明，放射性物质辐射出的能量有三种不同的形式。根据他的一系列实验结果，发现一部分辐射能可以穿透薄的重金属做成的靶子，另一部分能量则不具有这种能力。而且，一部分穿透金属靶的辐射能可以被更厚些的金属靶反射回来，其余的辐射能则具有极强的穿透能力，再厚的金属靶也不能阻挡它们。被薄金属靶反射的那一部分辐射能被称为 α 粒子，能穿透一定厚度的金属靶的辐射能被称为 β 粒子，而穿透能力最强的那部分辐射能则被称为 γ 粒子。不久，卢瑟福又给出了 α 粒子的两个重要性质。首先，从在磁场中发生偏转的情况来分析，这种粒子应该带有正电荷；其次，它们的质量与预期的氦原子核质量严格地相等。卢瑟福设计了一个实验，用 α 粒子来轰击用金箔做成的靶子。他希望根据 α 粒子从金箔上散射回来的情况来了解 α 粒子的更多性质。金箔被放置在一个圆柱形的容器里，在金箔后面的容器壁上还放有感光底片。通过底片记录下的 α 粒子的径迹，可以判断粒子被金箔散射的角度。事实上，在每个 α 粒子撞击金箔时，都会发生一次闪光，闪光可以被记录在底片上；这样，卢瑟福就能对每次闪光的记录进行显微观察，由此粒子被金箔散射的角度就可以确定下来。

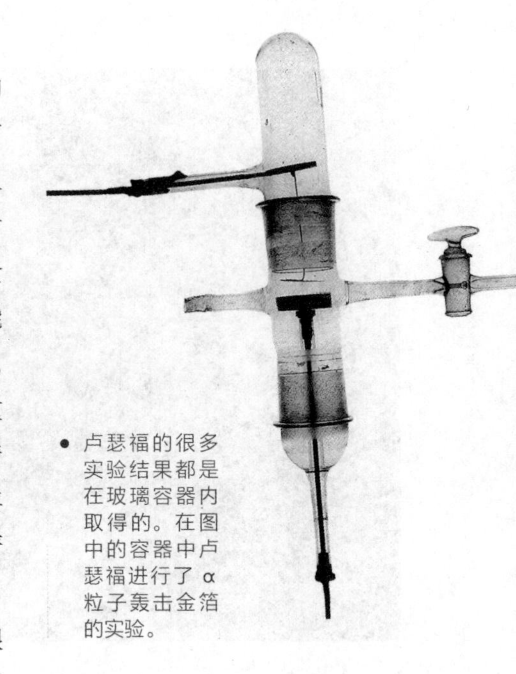

● 卢瑟福的很多实验结果都是在玻璃容器内取得的。在图中的容器中卢瑟福进行了 α 粒子轰击金箔的实验。

使卢瑟福感到意外的是，一部分 α 粒子在从金箔反弹时具有很大的偏转角。卢瑟福认为这只能解释为，由于 α 粒子和金原子核都带有正电荷，是这两个正电荷之间的直接斥力造成了超乎寻常的大偏转角。这一现象也意味着，在金原子核与其外部的电子之间存在着相当的空间，这才致使原子核的正电荷产生如此之大的影响。由此卢瑟福推断，电子应是在核外一定的距离上绕核运动。

加速粒子

卢瑟福和丹麦物理学家玻尔，以及其他一些科学家，实际上已经揭示了所有化学元素原子的整体结构。但他们能接下去继续认识这些比原子更小的亚原子粒子性质的细节吗？卢瑟福关于进一步研究的设想简单而明了，他决定建造一部可以击碎原子的机器。这种机器就是粒子加速器。在加速器中，粒子可以被加速到如此之高的速度，当它与放置在加速器另一端的靶子相撞时，靶上的原子将立即破碎。

也就在第一个关于粒子加速器的实验被付诸实施的同一时期，宇宙学家们已经熟知了哈勃的观测结果和大爆炸理论。他们对是否能发现更基本的亚原子结构怀有特殊的兴趣。如果大爆炸理论能够成立，那么必然存在着一种途径，使在一个点上发生的爆炸能产生现今宇宙中的所有物质。如果粒子加速器能揭示物质的真实性质，那么也就可能由此而发现最基本的物质是怎样产生于大爆炸之中。反之，如果实验显示在大爆炸中不可能产生最基本的物质，那么大爆炸理论也就不能成立了。

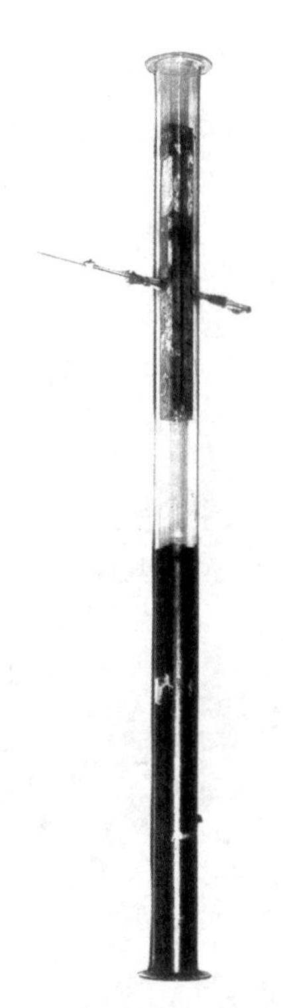

● 在这个装置中，卢瑟福研究了 α 粒子的性质。

现代的粒子加速器可以是非常巨大的。如设在瑞士的欧洲联合核子物理中心（CERN）的加速器，其加速环的长度达到 27 千米，它位于地下，甚至延伸到了法国境内，还有一部分扩展到了一座山的下面。在原理上，它与卢瑟福的只有 2 米长的在玻璃管中的加速器是完全相同的。它的功能首先是产生粒子，然后是使粒子加速到具有足够高的速度。

卢瑟福在实验中利用了电的性质。他在玻璃管的两端装上了像电池那样的一正一负两个电极，这样在玻璃管中就建立起了一个电场。对电场找到一个恰当的比喻有些困难，但从具有电场的玻璃管的一端到另一端，有点像一个陡峭的山坡，如果有一只球从山顶上开始翻滚而下，它的速度会越来越快，在到达底端时，它就被加速到了最快；在粒子加速器中，与球等效的是电流，电流由带负电荷的电子流形成，从玻璃管具有负电极的一端流出，这相当于球在山顶的情形；在玻璃管的另一端有正电极，这相当于山的底部；由于正电极的吸引力，电子就在管中被加速。即使加速的行程还不足 2 米，当电子到达正电极所在的另一端时，它所具有的速度也使得它对靶子有足够大的撞击力。它将击碎靶子上的某些原子，而靶子通常就是一个简单的金属盘。碰撞的结果可以用盖革计数器来记录，这种装置是由卢瑟福和汉斯·盖革设计，

• 欧洲核子研究中心的欧洲粒子物理实验室的专门实验区。可以清楚看到，需要多少仪器设备来约束和引导实验中的粒子。粒子通常是在直径仅几个厘米的管道内加速的，管道处在磁体和探测器组成的“箱子”中间。欧洲核子研究中心的最大实验区（见左上部的插入小图）采用这种类型的环状管道，它位于地下 100 米，长 27 千米，经过日内瓦飞机场，进入法国境内，在一片山脉的丘陵下面通过，然后返回瑞士。

ELIN
BHN 20

专门用于放射性或辐射能的探测的。那么，如果说无论何时，只要一个原子发生破碎，都要伴随着能量的释放，粒子加速器能够证明这一点吗？

为了保证盖革计数器所记录的肯定是电子击碎靶上的原子之后的真实产物，玻璃管中的空气被彻底地抽空了，所剩的只有真空和一个作为电子束轰击目标的靶子，除此之外没有任何别的东西。这样一来所探测到的结果就是肯定无疑的了。当一个原子破碎为亚原子粒子时，总是能探测到原子所释放出来的能量。靶上物质中原子的衰变是人为地造成的，但其衰变的方式与放射性元素铀和镭等的自然衰变严格地相同。

这些实验结果的含义是很清楚的。原子中具有能量，当原子破碎时，就有能量释放出来。但这样就又导致了更多的问题。是否还有什么别的东西构成了亚原子世界？在原子内部除能量之外，是否还有其他所谓“不可再分”的基本的成分？在最初的原子模型中，原子核和电子似乎都有着十分合适的位置，那么它们各自在原子中起何种作用，而各自的性质又怎样呢？

粒子加速器的实验结果开始给出一些不同寻常的可能的答案。如果原子中的电子和核的质量之和即整个原子的质量，那么前述的从原子中释放出来的能量，就来自这些粒子本身和它们结合到一起的方式。在镭的自然放射性衰变中，如果产生了一种比较轻的元素，它的原子量肯定小于镭的原子量。那么，在衰变过程中，是否有部分粒子以某种方式转变成了能量呢？

回到爱因斯坦

随着粒子加速器被改进得更加复杂而精密，人们能够精确地测量在电子与原子的碰撞中有多少能量释放出来，以及靶上的物质同时损失了多少质量。碰撞的规模是可以控制的——可以用不同质量的原子和粒子作靶——但最引人注目的一件事是，释放出的能量总是与靶上质量的损失量成正比关系。这暗示了能量和质量在一定方式下可以相互转换。至少有一些亚原子粒子在原子衰变过程中被以能量的形式释放出来。

对于科学家们来说，在他们第一次体会到这一点时，并不感到很为出乎意料。因为爱因斯坦早在他的狭义相对论中，就以著名方程 $E=mc^2$ 预言了质量和能量之间的关系。爱因斯坦指出，这个方程是在狭义相对论中用来描述光速不变的数学方程必然要导致的结果。在这个著名方程中，能量 E 恒等于质量

m 乘以一个常数，即光速 c 的平方。这个方程还预示着更为不同寻常的现象：在运动物体的速度较慢时，其质量增加得也较慢；而当它的速度增加到很快，甚至接近光速时，其质量也会飞速地增大（在狭义相对论中，直接表示物体的运动质量随其速度而变化的方程式是 $m=m_0/(1-v^2/c^2)^{1/2}$，这里 m 代表物体的运动质量，m_0 代表静止质量，v 是物体运动速度，c 为光速。根据这个方程，物体的运动质量会因运动速度的提高而增加——译者）。

对于大多数人来说，接受这种观念是很困难的。在日常生活赋予我们的经验中，物体的质量和光之间绝没有任何联系。当然我们也不具有运动速度接近于光速的任何体验，所以我们通常也无法检验爱因斯坦的观点，就像它听起来那么绝无可能一样。但是，在粒子加速器中，被加速的电子流在与靶发生碰撞之前其速度是接近于光速的，已经探测到了它们加速后增加了的质量。

这些从粒子加速器得到的结果，又一次验证了爱因斯坦的与直觉经验相悖的理论的正确性，确认了质量和能量是可以相互转换的。随着电子的加速，它们的能量增加了，即方程一端的 E 增加了；而由于光速 c 是一个常数，方程中的 c^2 不会变化，所以，为了维持 E 等于 mc^2，质量 m 就必须变化了。这些听起来不可能发生的事，对于加速器中的电子确实发生了。对宇宙学家们来说更重要的是，这个实验结果显示了，相对于所有的物质，能量是最基本的。当物质破碎或衰变过程发生时，会很明显地有能量释放出来，可是，这一过程是不是可逆的呢？能量可不可以转变为亚原子粒子以组成原子呢？在大爆炸最初的瞬间，是否产生了足够的能量供后来转变成宇宙中的所有物质之用呢？

云雾室中的径迹

粒子加速器使人类获得了关于物质的相当多的知识。在最早的加速器中，使用盖革计数器来记录碰撞事件的产物就可以了。但另一种改进了的记录方法又出现了。1895 年，英国物理学家查尔斯·威尔逊开始研究第一个云雾室装置。这实际上是一个充满气体和水蒸气的箱子。它的特点在于，可以把在其内部的饱和气体中通过的带电粒子的径迹显示出来。虽然粒子很小以至于不能被直接观察到，但它在云雾室中的径迹却大得能被肉眼直接看到。这种情况就好比观察空中的飞机，你也许不能直接看到飞机本身，却能由看到飞

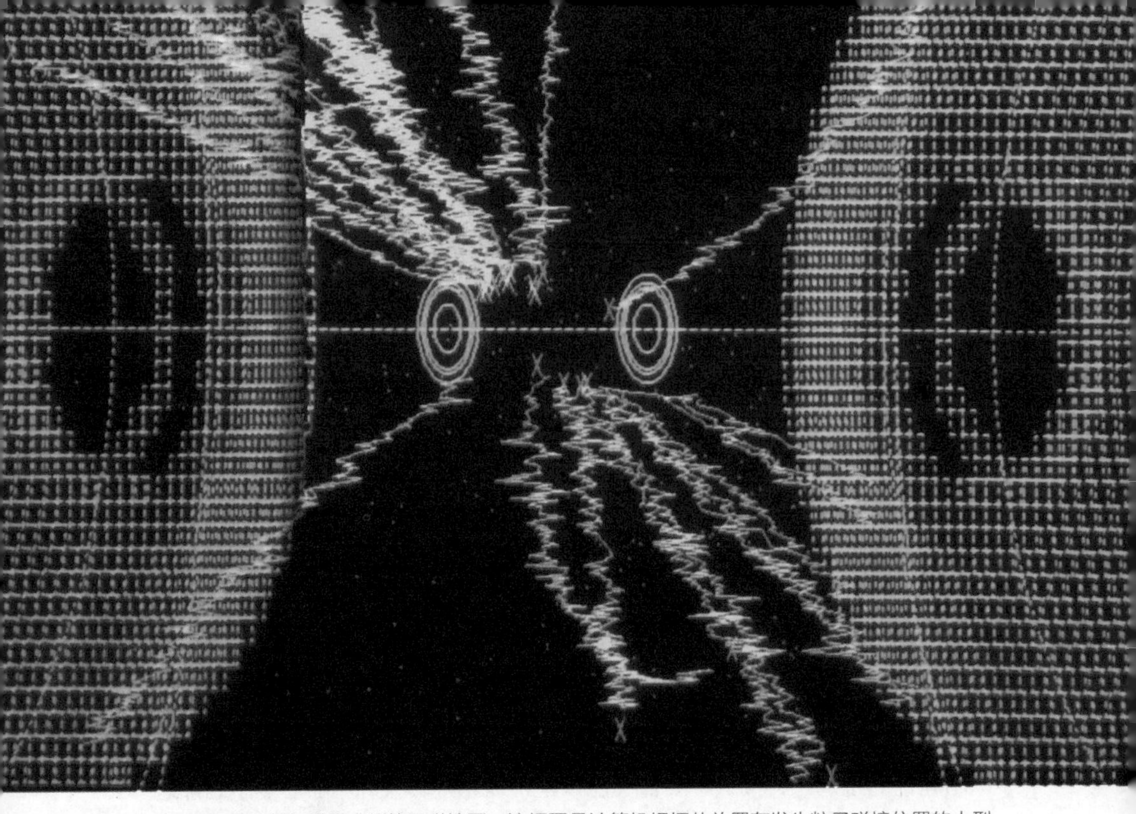

● CERN 的计算机模拟出的粒子碰撞图。这幅图是计算机根据从放置在发生粒子碰撞位置的大型探测器所得到的数据而绘制出来的。粒子在碰撞前经过环绕长达 27 千米加速路程的加速，已经具有极高的速度。

机拉出的烟迹来判断飞机所在的位置。带电粒子在饱和气体中划过就如同飞机在潮湿的大气中飞行。

自那以后，云雾室被广泛地用于亚原子粒子的探测。现在，可用来探测亚原子粒子的就不仅仅有云雾室了。电子探测器可以探测粒子运动的径迹，还能把这些径迹在计算机的屏幕上显示出来。这样，几乎可以直截了当地分析在粒子加速器的一端所发生的碰撞事件；从不同粒子的不同径迹组成的图案中，能得到诸多有意义的结果。因为，在典型的情况下，会有很多条径迹突然从一个点上迸发，这就显示出有很多带电粒子被同时释放出来，所以碰撞事件发生的准确位置就可以严格地判定。通常情况下实验装置还被置于磁场之中，这样由粒子在磁场中偏转的方向就可以判定粒子所携带的是正电荷还是负电荷。而粒子在磁场中发生偏转的程度，则取决于粒子的质量等特殊性质。这样，经过长时间分析，就可以得到各种不同种类的粒子所独有的特殊径迹形状。例如有些粒子的径迹只是稍稍有所偏转，有些是快速地形成向内的螺旋线。换句话说，每一种粒子都有自己的独具特征、可以辨别的径迹。每当碰撞后出现一种新的、很明显的是未识别的径迹时，径迹的长度、弯曲的程度等就会给出相关粒子的质量和行为特征的线索。用这种方法，如果理论所预言的某种粒子一旦真的在粒子加速器中产生出来，它很快就能被“验明正身”。

寻找反物质

由粒子径迹的特征，科学家还证明了另外一种与人们的直觉经验相悖的理论是正确的。狄拉克是英国剑桥大学的卢卡斯数学教授（即现在斯蒂芬·霍金以及300多年前牛顿所担任的职位），他指出，从理论上来说，每一种粒子都应该有它的镜像粒子。这是从描述可以结合为原子的粒子必然具有的行为的数学方程出发所作的一种明确的预言。但这预言似乎有些令人吃惊和会把人引入困境。如果电子具有一种名为反电子的镜像粒子（携带的电荷与电子的相反），那么组成原子核的粒子也应该具有反粒子。而且，既然带负电的电子与带正电的原子核组成了原子，那它们的反粒子又组成了什么呢？难道是反物质的原子吗？

对物质和反物质同时存在的理论推论进行全面考察之后，存在着反物质的观念变得更为混淆不清和令人困惑。假如粒子和它的反粒子不期而遇，它们必然要发生湮灭，转变为纯粹的能量。如果从理论上说在物质周围会有等量的反物质，那么宇宙中的物质何以长期存在并且很容易被探测到呢？物质和反物质早就应该在一起湮灭了，或者即使不发生湮灭，我们也应该能观测到与物质等量的反物质，显然我们还没有观测到这些反物质。

作为解开这个难题的第一步，很重要的一点是，找到证据来说明狄拉克理论并不是完全错误的。科学家们首先得证明反物质存在的真实性。考虑到宇宙中存在着如此之多的物质，任何反粒子都可能已经与它的粒子相遇而湮灭，那它就不会长期留存下来；所以我们能探测到的反粒子可能只会来自外太空，在地球引力作用下它们会冲入大气层；这时它们会与它们的镜像粒子相遇而发生湮灭事件，就如狄拉克理论所预言的那样。

于是，探测反物质的计划变成了一项探险事业。物理学家们坚信，如果把云雾室放置到高山之上，即在大气层中尽可能高的高度上，就可能探测到反物质。事实上科学家们得到了应该得到的回报。1932年，安德森在他的云雾室中发现了一条和电子的径迹几乎完全相同的径迹，但只有一点不同，这是一条电子径迹的镜像径迹。换句话说，这条径迹属于电子的反粒子（仅仅在一年以前当狄拉克从数学角度出发进行预言时，称之为正电子）。如果正电子真的存在，那么反粒子和反物质的存在也就是真实的了。那么狄拉克的理论也就获得了实验证据的支持。

模拟大爆炸

也是在1932年，在英国剑桥卢瑟福加速器实验室工作的约翰·考克罗夫特和恩斯特·瓦尔顿，第一次成功地击碎了锂原子。这次实验的时间比发现电子镜像径迹的实验稍早一些。物理学家们这时已经熟悉和接受了这种观念，在加速器中可以制造出反物质粒子，而在与其他粒子相遇后，反物质粒子又很快地消失了。反物质粒子从产生到消失还不到1秒的时间。物理学家们也很熟悉在径迹之间存在的空隙。有时在碰撞发生后很短的时间内，突然会凭空出现一对径迹。它们不是偶然地出现的，一定是碰撞时先生成为某种东西分裂为二时产生了两个径迹。但是它们看起来和碰撞事件没有联系。观测到这样的现象是因为，有些径迹没有被观测到，但并不意味着那里一无所有，而是因为产生这些径迹的粒子不带有可以被探测器记录的电荷——就像光波那样。

• 保罗·狄拉克关于反物质存在的预言是这样地与直觉相悖，以至于许多人认为这是不可能的。但是在他做出预言之后不到一年，反物质就被探测到了。

最后，关于碰撞后的纯能量阶段的这些空隙的解释，却对宇宙学家们理解宇宙中的物质如何从大爆炸而来提供了帮助。随着加速器发展得越来越完善，它的规模也变得越来越大。之所以这样是因为，粒子在加速器中被加速的路程越长，它所获得的速度也就越接近光速，它的运动质量也就越大，在碰撞时产生的温度和压力也就越高。所以卢瑟福式的直线加速器所用的玻璃管越长，电子在其中所获得的动能就越大。于是，人们建造了更长的直线加速器。

在另一方面，业已证明，可以建造一种加速器，让粒子沿着环形轨迹运动，也能获得使其加速的效果；基于粒子所带电荷的极性，用磁场就能控制其运动方向的偏转。剩下的问题只是如何建造环形管或隧道让粒子在其中加速，以及设置合适的磁场。现在已经建造了许多这类的回旋加速器。加速器规模越大，其建造和运行的费用也就越高。当然这种大型加速器的科学价值

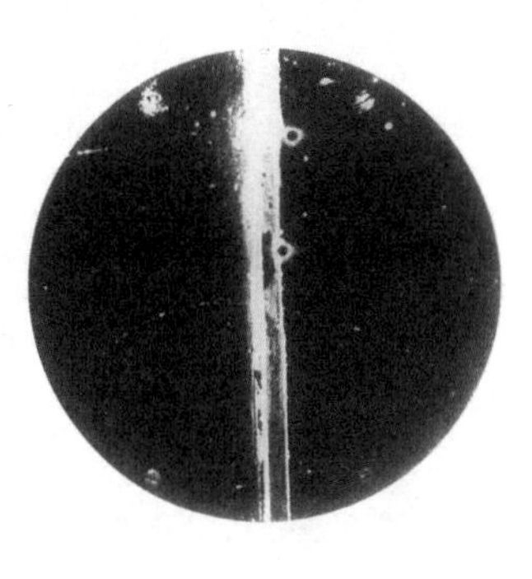

● 卡尔·安德森在解说他用来探测反物质的实验装置（左图）。有两个巨大的由在黑色管子中循环的水来制冷的电磁铁，一个云雾室就放置在两个电磁铁之间的通道中，在云雾室中发生的任何事件都可以被拍照。这样安德森就能发现通过云雾室中的任何粒子的径迹。一张照片（右图）显示出电子路径的镜像路径，这是第一次探测到反物质。

是无法估量的，它使我们得以开展对高速、高温下碰撞的研究。

理论工作者已经计算出在大爆炸中要产生出宇宙的全部物质需要有多高的温度。有一点似乎是很明显的，如果能在加速器中获得接近这样的高温的条件，也许就能在很短暂的一瞬间看一眼在宇宙大爆炸的高温下发生过的反应。在现今功率最大的加速器上，已经能短暂地达到当初大爆炸时一瞬间的温度。

由数学推导所得出的大爆炸时的温度是如此之高，甚至在爆炸后不到 1 秒钟的时候，温度就开始明显地有所下降了。但仍然还维持着很高的温度，高得超出我们的想象。从在加速器中的这样高的温度之下发生的碰撞中所发

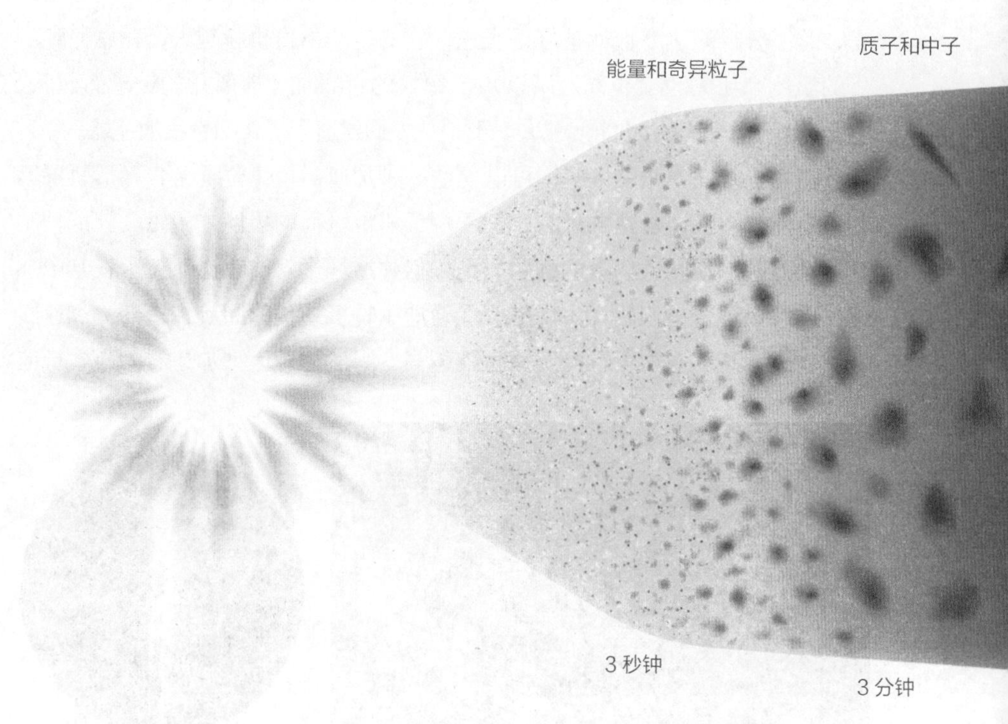

● 不可能用图来严格、正确地描述宇宙的演化过程。在短短一瞬间，宇宙由一个没有大小的点膨胀为超乎我们想象地大。
在最初 3 秒钟之内，大爆炸产生的能量变成了奇异粒子。在这种任何物质都不能稳定地存在的高温环境中，这些粒子相互之间发生碰撞，又重新变成能量，然后又形成新的粒子。
在第 3 分钟时，刚刚形成的宇宙温度降了下来，足以形成组成原子核的质子和中子。
在此后的 30 万年之内，这些粒子组合到一起形成了第一批氢原子和氦原子，又由于引力作用它们得以聚集到一起形成巨大的云团。
在 10 亿年之后，它们被压缩得足够紧密，恒星诞生了，星系也开始形成。在诞生 150 亿年之后的今天，宇宙和它的亿万个星系还在显露出这种还在进行中的演化的线索。

现的事实堪称令人惊奇。起自碰撞点的径迹与低温下碰撞产生的径迹比较很不相同。这时不再是有许多条径迹直接地起始于碰撞点上，而是根本没有这种径迹可观察到。在碰撞发生后的一段较短的时间之后，粒子的径迹才得以出现。为什么在碰撞之后径迹不能马上出现呢？这里只有一种可能的解释，即在极高的温度下，碰撞只产生纯粹的能量，而后在这些能量中才产生了粒子和反粒子。

这一结果对宇宙学来说，是足够使人为之一振的。在加速器中的实验说明了，在接近于大爆炸初始温度的温度之下，只有能量可以存在。当能量冷

却下来时，在其中才产生了粒子和反粒子。这就是物质和反物质最初产生的由来。还有，这样一种解释与其他所有已知的大爆炸存在的证据都是相一致的。同样地，它也与能给出我们今天所见到的宇宙的和宇宙起始于一次爆炸的那种数学模型相一致。于是，又一种听起来不可能的理论获得了实验证据的支持。

然而，如果不涉及反物质的问题，上述的观点会更容易地被人们所接受。粒子加速器中的径迹所给出的证据丝毫也没有说明，为什么我们在宇宙中能观测到如此之多的物质而只能观测到极少量的反物质，或者为什么物质和反物质没有在它们形成后的短时间内全部湮灭。迄今为止最好的解释是——这只是一种未被证明的理论——在大爆炸中产生的物质和反物质只是近似地等量，物质的总量稍稍多于反物质的总量。物理学定律的某些方面使得这种不平衡在理论上还是可行的。就如有的理论所预期的那样，物质和反物质本来应该一起湮灭的，但是稍多一些的物质在大湮灭之后幸存下来，形成了今天宇宙中的一切。从爱因斯坦的方程，包括 $E=mc^2$，也可能得出需要多少能量才能转化为现今宇宙中所有的物质。事实上，可能只需要在粒子和反粒子的各自总量之间的稍许差异，就能有足够的粒子来形成现今宇宙中的全部物质。

迄今为止的故事

当然，在还没有弄清楚全部事物的情况下，我们却认为得到了一幅舒适、纯粹、已经全部被证实了的动态宇宙图景，这是一件使人感到不安的事。可是，至少我们现在对物质的理解和我们现在已经有的对宇宙的理解这二者是惊人地互相符合的。所有的数学方程也能和谐地构筑起一幅精度令人赞叹的演化图景。

一切都起始于那次在开始时除了能量以外什么都没有产生的大爆炸。随着冷却和向外扩散，能量的密度开始发生变化。这使得在一些较热的点上，在大爆炸后的 1 秒钟之内，能量开始转变为粒子和反粒子；而在那些较冷的点上就形成了宇宙中最初的空隙地带。绝大多数粒子和反粒子开始通过引力互相吸引，当它们靠得足够近时，电磁力便使它们结合在一起；大部分的反粒子都在湮灭中消失了，遗留下来的多余物质在旋转中逐渐凝集成为不规则的团块。直到大爆炸的 3 分钟以后，对于将要组成新的物质的亚原子粒子来说，温度还是太高了。但在这之后它们开始组成原子核。大约再需要 30 万年的时间，才由冷却后的电子与原子核相结合形成第一批原子。有约 20% 的核是较重的氦原子核，其余 80% 是组成氢的氢原子核。而其他化学元素的形成则要晚得多。

根据几乎所有的数学方程，需要大约 10 亿年的时间，多得数不胜数的氢原子和氦原子才由于引力而凝聚到一起，这种凝聚而成的团块也有千千万万个，其中每个团块后来又形成了宇宙中巨大的天体，典型的是整个星系。随着引力作用使原子被压缩得越来越紧密，氢原子开始了聚变反应。就如弗里德·霍伊尔和他的同事们所预言的那样，在正在形成的星系中恒星也开始形成了，它们发出光和热，恒星生命周期开始了。在恒星的内部，所有的重化学元素也开始形成。首先是氢原子聚变为氦原子，然后在氢燃烧殆尽时，氦又开始燃烧，这样一步步地聚变下去，聚变的结果是其产物越来越重，各种重元素就这样形成了。与此同时，引力作用也使得恒星的密度变得越来越高。

当在恒星上的核聚变能生成越来越重的重元素时，按照恒星质量的大小，恒星的归宿会有所不同。有的恒星在死亡时把产生的元素随外壳一起抛向太空，而留下一颗白矮星，一个重元素构成的幽灵将在空间游荡。有的恒星会发生一次超新星大爆炸，在爆炸中能产生比铁更重的元素，这些元素飘浮在太空中，直到引力驱使它们形成新的天体。如果有足够多的物质聚集在一起，一个新的恒星将会诞生。但是如果在其上没有发生新的聚变反应，就可能形成一颗类似于我们的地球的行星。在合适的条件下，生命可能得以在行星上进化。这就是我们人类今天能出现在这个宇宙中。我们对这些神奇的事物的观察完全是为了人类自身。经过 150 亿年的演化，宇宙变成了今天我们看到的这一番面貌。

现在有很多人不相信这个听起来难以置信的故事。可是，当我们把在宏观物理学和微观物理学中所获得的所有零散的证据汇集到一起时，就会发现很难得到除此之外任何更好的结论。我们能见到的周围事物是这样地博大精深而又细微复杂，要想象出对它的更令人心服、美妙与合适的解释，肯定是非常困难的。从最早的肉眼直接观测，到对数学的富于想象力的应用，宇宙学也走过了漫长的道路。

囊括了支持这个宇宙演化故事的所有论据之后，我们似乎已经有了对宇宙中一切事物的几乎是尽善尽美的理解，但事实上还有很多尚未解释的东西。我们应适度地以谦虚的态度提醒自己，面对着首先是伽利略的观测结果，还有哈勃的令人瞠目的新证据，宇宙学家们是怎样地一次次从根本上更新自己的观念。然而，现有的关于宇宙膨胀的证据似乎是正确的。可是且不要忘记，它们在很大程度上仅仅是出于对我们能观测到的这一部分宇宙的光的分析。我们有充分的理由相信，还有很大一部分宇宙我们尚未观测到。事实上我们只看到了宇宙的一小部分。大多数宇宙学家相信，可以说还有 90% 以上的宇宙的本质有待于去揭示，我们看到的仅仅是冰山的一角。

- 巨大的仙女座星系是一个典型的旋涡星系，但我们实际看到的是它的多大的一部分呢？它那含有大量恒星的中央部分大概还不到它的全部物质的 1%；多达 99% 的物质可能是看不见的暗物质。

第八章

黑暗中的求索

不可见的巨大晕轮

搜寻 MACHO 的人们

宇宙的最终归宿

不可见的巨大晕轮

这是一个风雨交加的夜晚，冷风从门的下面袭来，这提醒着人们感觉到在室内有多么舒适，没有人愿意在这个时候外出。但是，薇拉·罗宾却决定外出去参加美国天文协会的年会。对每个会员来说，在讲台前面对全体听众发言都是很难得的机会，特别是对于女性，能得到这种机会更是非同寻常。而且薇拉很明白，她这次是要把一种带有革命性的观点公之于众。她无所畏惧地把婴儿安置在汽车的后座上，然后就与她的父亲一起在呼啸的寒风中出发了。父亲是被请来在她发言时照顾孩子的。

薇拉认为，关于星系的自转，有些东西还不为大多数天文学家和宇宙学家所理解。如果假定星系中的恒星像引力制约下的太阳系中的天体那样，不受约束地通过万有引力相互作用，那么就不会有我们所观察到的这种星系自转。薇拉反复地分析了对不同河外星系的观测结果，她坚信自己在这一点上是正确的。星系的自转就像一个整体的轮子，所有的恒星都步调一致地围绕着星系的中心旋转。对这种现象只有一种可能的解释，那就是在我们看到的星系中，还有很大一部分并没有被观测到，而这另一部分的质量要远大于我们看到的有恒星在其中闪闪发光的这部分星系的质量。是这另一部分不可见物质的引力驱使恒星在它们现在的位置上运行，并使得它们好像是一个巨大的不可见轮子上的“发光钉子”。一些恒星深入这些不可见物质之中分散开来，成为星系的巨大旋臂，它就如同在一杯咖啡上面的旋涡状奶油。

薇拉·罗宾提交了她的论文之后，所得到的反响却使她大失所望。似乎没有人认真地对待她的观点。或许这里有作为大多数的男性听众的男子沙文主义在作祟，他们可能对于接受居然有一位女性可以成为一名“严肃的”天文学家和宇宙学家这一事实，看来根本没有思想准备。这种令人惊讶的偏见倒是没有直接破坏薇拉的学术研究，但是这种对其研究结果的拒绝却使薇拉感到十分失望。是不是被观测结果误导了呢？她的自信心动摇了。她在风雨之夜又回到了家中，从此之后她在数年之内都不再研究宇宙学，而代之以专心操持家务。

具有讽刺意味的是，薇拉的确是正确的。当然，要证明那些我们还不能探测到的物质的存在是相当困难的。但薇拉所预言的这些不可见物质的存在，后来却得益于计算机模型的帮助而被证实了。现在，通过分析光谱和造父变星的周期、光度关系等办法来精确地确定恒星和星系有关的距离，是完全可能的。在一定的时间间隔上重复地观测可以发现相邻恒星的相对位置变化，这种方法与早先注意到太阳系中行星位置相对变化的方法是严格一致的。应用牛顿的和爱因斯坦的关于万有引力的方程来处理太阳系中行星的距离问题，整个太阳系的天体运动状态就清楚了。既然如此，为什么我们不用同样的原理来建立起关于星系的计算机模型呢？

● 在其他物理学家拒绝相信她关于暗物质的观点时，薇拉·罗宾几乎放弃了宇宙学。可是，事实上错了的还是那些物理学家。

可以根据引力的数学方程式和观测到的所有恒星到星系中心的距离，编制出相关的计算机程序，这就使得我们能预测恒星围绕星系中心的运动；作为对比，可以用同样的数学方法建立起关于太阳系的模型。如果关于太阳系的模型是成功的，那么在没有其他因素影响的情况下，也可以期待关于星系的模型会大获成功。但是，虽然使用这些方程在计算机上的确可以模拟出一个太阳系，而且可以非常准确地预测出观测到的太阳系的真实运动，但在建立模型以预测星系的运动时，却出乎意料地遇到了失败。换句话说在星系中肯定存在着一些我们没有考虑到的因素。由于并没有任何证据说明除了引力之外还有其他种类的力可以对宇宙的结构发生影响，则唯一合理的可能性就是，在星系的周围存在着暗的不可见物质，它们包围着星系，就像一只巨大的晕轮。通过在计算机程序中加入代表这些暗物质的参数，就可能使计算机模型准确地预测出星系的真实运动。

碰巧的是，能最好地描述大爆炸的计算机模型都预示，除我们观测到的以外，在宇宙中还存在另外的大量的物质，这样一来，暗物质的存在就变得

- 这是一幅关于仙女座星系周围的暗物质晕轮的艺术效果图。晕中的暗物质被认为是中微子，但同样可能含有MACHOs和WIMPs。我们现在只知道那里肯定有某种物质，因为它已经对该星系内的可视恒星产生了引力效应。

不容置疑了。并且，所有的数学方程都给出一个惊人的结果，暗物质的质量大约占宇宙总质量的 90%。但是暗物质到底是什么呢？它们是什么样子的呢？它们是不是和组成我们所看到的闪闪发光的恒星的物质是一样的，只是还没有被引力拉入那个炽热的世界之中？我们已经确切地发现，在恒星上形成的所有元素在地球上都存在，几乎没有一种元素在我们发现它时的那种形态下发光——像镭这样的强放射性元素除外。所以它们的确能以暗物质的形式存在。但暗物质远在茫茫的太空之中，我们怎样才能探测到它们？可是至少我们知道到哪里去找它们，在可观测的星系的周围，那里预期存在着由暗物质组成的晕轮。但是如果它们不能发出任何的光和热，我们又怎样确认它们呢？

搜寻MACHO的人们

最早决定去迎接暗物质问题挑战的天体物理学家们，自称他们是在寻找 MACHO（“Massive Astrophysical Compact Halo Ob-ject”的缩写，意为“晕内大质量高密度天体”）。为了解释星系的运动，暗物质需要具备某些性质。暗物质必然具有质量，所以会受到引力的影响。它们应该存在于星系的晕轮之中，并且可能是小体积和高密度的。当然没有任何理由去假定暗物质具有 MA-CHO 这个缩写在字面上包含的“男子汉气质”，但它也许的确能给研究者们一个为之不懈努力的目标。

这些科学家确实看准了方向。爱因斯坦曾预言，就像一般认为的那样，光是沿着直线传播的；但是，如果在光的传播路途中经过大质量物体的附近，那里由于大质量的存在而引起时间和空间的弯曲，会使光的传播路线发生弯曲。他甚至能计算出光线弯曲程度的大小。这在那个时代是一种带有革命性的理论，它促使科学家通过一个非同寻常的实验来证明它。

就在第一次世界大战刚刚结束的时候，英国天文学家亚瑟·斯坦利·爱丁顿和他负责的研究组希望证明，当太阳运行到一些恒星和地球之间时，太阳的引力场是否会使恒星光线在到达地球之前发生弯曲。当然，相对于恒星的光来说，太阳光实在太明亮夺目了，致使我们无法看见恒星；只有在一种情况下除外，那就是在日全食期间。爱丁顿和他的研究组预先仔细地研究并记录了一些特定的恒星与其相邻恒星在夜晚时“正常”的相对位置，此后又在 1919 年发生的一次日食中检验了当太阳位于同一批恒星和地球之间时这些恒星的位置，具体的做法是，当月球遮挡住了全部太阳光时对太阳所在的位置用底片拍照。结果应该是其他的恒星都出现在正常的位置上，当然那些视位置最接近太阳的恒星除外。

如果爱因斯坦的理论是正确的，太阳的引力场肯定会对那些从其中经过的恒星光线产生影响，使其发生弯曲，这样恒星的视位置就会有所移动，即偏离了它的正常位置。事实上如果爱因斯坦完全正确，这些恒星就肯定会出现在爱因斯坦的方程所给出的位置上。果然，1919 年日食来临时，那些恒星真的准确出现在预计位置上。

爱丁顿的实验非常重要，因为它证明了爱因斯坦的引力理论是正确的。更具意义的是，它表明在光线经过任何拥有质量的物体附近时的确发生了弯曲。正是这一重要结果引发了正在搜寻暗物质的 MACHO 研究组的新的研究

● 亚瑟·斯坦利·爱丁顿（1882—1944）在恒星性质和结构研究方面多有建树，而且还对爱因斯坦广义相对论有极好的理解，所以他能设计出验证广义相对论的实验。

灵感。科学家们想到，如果在星光经过的地方有足够的暗物质存在，那么相关的恒星看起来会更亮一些。这个结论是很符合逻辑的，但导致这一结果的原理却较为复杂。

恒星所发出的光射向四面八方，但只有朝着地球这个方向传播过来的那一小部分能够被我们所接收到。假如恒星的光在传播途中经过了一块块的暗物质，暗物质的引力会使光线一次次地遭受弯曲，这样就可能使得一些本来其传播方向不是朝着地球的光线也到达了地球上。这样就使得恒星看起来亮得多了。

这种现象被称为“引力透镜”效应，因为它很类似于凸透镜的聚光效果。这就如用放大镜来汇聚太阳光，在放大镜的焦点上甚至能把纸张点燃。对MACHO研究组来说最重要的一点是，引力透镜效应发生的基本条件是，从恒星发出的光在传播到地球之前曾穿越于暗物质之中；所以如果引力透镜效应能够被确认，那么这也就等于已经获得了暗物质存在的证据。

要肯定是存在着引力透镜效应，则相关的暗物质应该是凝聚成巨型团块的状态，团块有着相当大的质量和密度。这样的大质量物体恰好是在恒星演化的末期应该出现的。霍伊尔等曾计算了演化中的恒星是如何维持着聚变反应，聚变过程一步步地生成着元素周期表中的下一个较重的元素。首先由氢生成氦，然后逐次是各种重元素，一直到铁（只有较大质量的恒星可以演化到生成铁。——译者）。较轻的恒星可能不会达到聚变生成铁的阶段，因为它的质量所产生的引力即向内的压力还不能大到生成铁或比铁更重的元素。所以到这一阶段这类恒星就会一步步地走向死亡，冷却后的星体变成了褐矮星，不能再发光——这就是很典型的大块的暗物质，这恰恰正是MACHO研究组希望通过观测来确认的东西。

但是这绝非一件轻而易举的工作。他们选择南半球来作为观测地点，观测的目标在大麦哲伦云区域内——大麦哲伦云是一个较小的河外星系但距离我们较近。之所以选择它是因为MACHO研究组认为，那里有一个应该包含许多暗物质的很合适的晕。可是，这个星系中有千千万万颗恒星，他们怎样选择合适的恒星在每个夜晚进行观测，并且希望其亮度在一两个月的时间中明显变亮呢？

对这个问题的考虑导致了一种计算机控制的望远镜投入使用。这种望远镜可以自动地选择最有希望、最值得研究的观测区域；它是通过计算机来监

- 我们在大麦哲伦云——一个只能在南半球看到的小星系中观测到的恒星的运动表明，它周围可能有一个包含许多MACHO的巨大的暗物质晕。

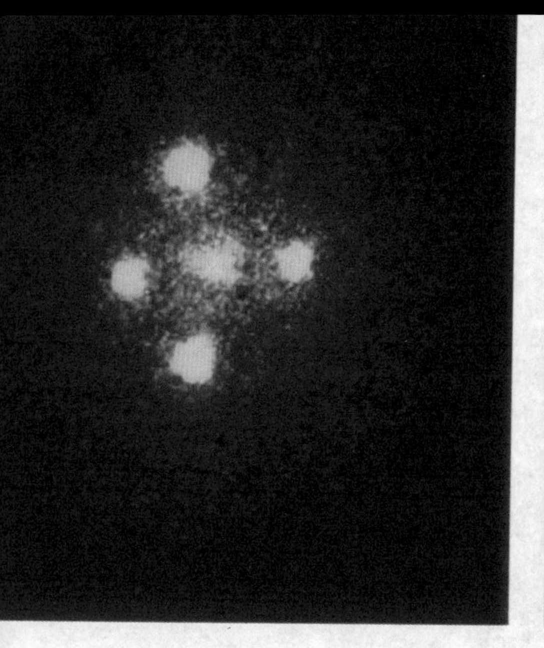

视天空，由自动程序来辨认其光度随不同的夜晚而发生变化的那些区域。一旦这种区域被确认了，就要非常仔细地研究那里所发生变化的细节。

使得 MACHO 研究组高兴的是，他们的努力带来了很有希望的结果。已经有一些实际的观测目标很符合理论预期中的对象。例如有一颗恒星在一个月的时间中变得亮得多了。还有更令人兴奋的，有一组恒星按顺序表现出这种效应，显示出有 MACHO 类的物质顺序地在它们前面虚掩而过。所以现在我们已经获得了很具说服力的暗物质存在的证据。然而，还有两个关键性的问题有待于找到答案。其一是，那里到底有多少这种暗物质？其二为，是否所有的星系的运动都能用这种暗物质来解释？

宇宙的最终归宿

薇拉·罗宾曾经指出，暗物质可能多达宇宙物质的 90%，这意味着我们看到的数以千百亿计的恒星只占宇宙总物质量的 10%。基于所发现的现象的特点和出现的频率，MACHO 研究组很有信心地认为，他们观测到的天体可以占总量一半以上的暗物质。可是，这些发现又导致了许许多多有待于回答的新问题。已经有迹象表明，要弄清楚宇宙物质的总量、宇宙物质的密度以及所产生的引力大小，还需要做大量的研究工作。给出有关的答案这些已经不是简单的学术研究性问题，有关的答案还将有助于我们预见宇宙演化的最终结局。

可能的答案彼此是截然不同的。宇宙的一种结局是戏剧性地走向终结，

• （左图）这 5 个位于空间深处的看起来很相似的发光体是“哈勃”太空望远镜观测到的，它们实际上只是两个天体。在中心位置的是离我们相对较近的星系，距离为 4 亿光年；它周围的 4 个像来自同一个更为遥远的类星体，其距离约为 80 亿光年。中心星系的引力效应使得类星体的光在到达地球之前发生了弯曲，所以我们看到了一个类星体的 4 个像。这是 MACHO 研究组正在应用的“引力透镜”效应的著名例子。

（右图）MACHO 研究组成员合影。

即膨涨中的宇宙逆向地转变为收缩，在一次大坍塌中回到那个什么都不存在的奇点上。对此当然用不着有任何担心，即使发生大坍塌，那也肯定在几十亿年以后的遥远的未来。另一种结局是，膨胀无休止地进行下去，但膨胀的速度越来越慢，然而却不会完全停止。

人类未来的后代们所能看到的是这两种截然不同答案中的哪一种呢？一个关键的因素是，我们必须首先了解宇宙中的暗物质总量到底有多少。哈勃等人关于河外星系光谱红移的观测结果再清楚不过地显示出宇宙在膨胀。证据是，最老的星系（*即那些距我们最遥远的星系*）也是那些退行速度最快的星系，而较近的也是较年轻的星系其退行速度也肯定较慢。所以我们所讨论的宇宙膨胀，绝不是说一个星系、一颗恒星或一颗行星在膨胀，而是指随着时间的推移，星系间的距离变得越来越大。现今大多数宇宙学家和天文学家都相信，宇宙膨胀的原动力来自那次大爆炸。无论如何这种原动力是存在的。我们还知道的另一点是，退行的速度会逐渐地慢下来。

这一结论来自对星系光谱红移程度的不间断的观测，其结果显示出退行速度在随时间而一步步地变慢。这意味着有一种力量在反抗导致膨胀的力量，结果是使膨胀变得越来越慢，如果不是这样，那么膨胀就会无休止地进行下去了。反抗膨胀的力量最重要的就是引力。按照牛顿和爱因斯坦的理论，宇宙中的物质总量越多，其总的向内的引力就越大，这会导致物质向中心位置集中，并聚集成一个巨大的团块。当然。今天的宇宙并没有停止膨胀，因为大爆炸形成的导致膨胀的力量大于引力形成的导致收缩的力量。

可是膨胀毕竟是在逐渐地变慢。这说明，宇宙中至少有足够的物质来形成这股使膨胀变慢的引力，但是只有这一点还不能说明宇宙物质总量所形成的引力能否使膨胀完全停止下来，以及能否接下去开始收缩，使宇宙空间变得越来越小、物质密度越来越大而进入大坍塌阶段。也许宇宙中根本没有足够多的物质以产生足够大的引力来彻底阻止膨胀，只能使膨胀逐渐变慢一点而已。

看来现在要得到一个令人满意的结论是困难的。要弄清楚宇宙物质的总量，我们还有很长的路要走。MACHO 研究组现在研究探测到的 MACHO 形式暗物质总量，甚至还不能解释星系的自转运动。那么，其他的暗物质又是什么呢？

一种潜在的有希望的线索来自亚原子物理理论。在粒子加速器中已经观

- 虽然宇宙学家承认我们现在没有足够的资料，无法知道有关答案，但他们还是喜欢推测宇宙未来的结局究竟是怎样的。

Universe 'to end in Big Crunch'

by Robert Matthews

PROFESSOR Stephen Hawking, the wheelchair-bound Cambridge physicist, says that the universe will eventually collapse back on itself to end in a Big Crunch.

Prof Hawking made his pre-diction last week at an tional conference on sics in Brighton, wher on cosmology discu data on the universe

It has been known 1920s that the u expanding, with galaxies racing each other in the the so-called Big sion about 15 billi

Theory shows pansion could ever. But it also ansion coul

he has found a around this p boundary con

He explains ogy with a gl limited but, insect could globe foreve an edge. In gon, the "finite but

Are we maste of our fate?

In the play *Julius Caesar*, Cassius tells Brutus, "men at some times are masters of their fate". But are we really masters of our fate? Or is everything we do determined and preordained? The arguments of preordination used to be that God was omnipotent and outside time, so God would know

Arguably the most brilliant scientist of his generation, **Stephen Hawking,** in the first of two essays from his latest book, asks: how can ... ave

form of have b gressed. the dev nervous that co implica by their approp more l reprodu has car stage. W higher bodies a slight v has en languag we can tion an ence f generati eventual The effe speed-up

We're running out of time

Is the universe going to expand into eternity or will everything collapse in one Big Crunch in which physical laws become meaningless? **Stephen Hawking**, author of the phenomenal bestseller *A Brief History of Time*, sheds light on the darkest regions of space and time and considers an extraordinary array of possibilities for our future

I once thought I would have liked to have written a book called *Yesterday's tomorrow: a history of the future*. It would have been a history of predictions of the future, nearly all of which have been very wide of the mark. But I doubt if it would have sold as well as my history of the past.

Foretelling the future in antiquity was the job of oracles. These were often women who would be put into a trance by some drug or by breathing the fumes from a volcanic

If the density of the universe one second after the Big Bang had been greater by one part in a thousand billion, the universe would have recollapsed after ten years. On the other hand, if the density of the universe at that time had been less by the same amount, the universe would have been essentially empty since it was about ten years old. How was it that the initial density of the universe was chosen so carefully? Maybe there is some reason why the universe

e the even the ines. ories Thus verse arose ciple

cond lo is rand d the draw it the the any- valid- ased tural some life earth ns of

It t bil to ove we hav languag cave d where w ultimate universe

There cant bio change i last 10,0 intellige draw th from the by our se back to o or earli would h

察到，能量可以变为粒子，而粒子又可以变为能量；在一些极端的条件下，能量和物质都力图进入更稳定的状态，便显示出这样一种反复变化的奇异性质。在这时产生的一些粒子也的确是奇异的，它们的性质也十分与众不同，在实验中探测它们颇为困难。但当我们对剧烈的核反应过程进行理论解释时，它们的存在就是至关重要的了。用数学来模拟大规模的核反应，只有在考虑了这些奇异粒子存在的前提下，结果才是正确的。因为在大爆炸时必然发生了巨大规模的核反应，则那时肯定有大量的这种奇异粒子产生。这就使得对它们的探测变得很重要——也许从这里能找到对暗物质失踪问题的解答，以及关于宇宙最终归宿问题的谜底。

三叶星云是一个主要由氢元素构成的巨大气体云，离我们大约3000光年。它在自身内部的年轻恒星的紫外辐射作用下发出红色光辉。这类气体云的存在，使我们想到宇宙中也可能存在由尘埃构成的另一类巨大云团；它们没有被恒星照射，因而是不可见的暗物质云。

第九章

探奇之旅

垂钓中微子

中微子质量之谜

寻找 WIMPs

MACHO研究组已经体会到寻找一般的暗物质是非常困难的。从千百万颗恒星中找出一颗在暗物质从它到地球之间的空间穿越时，亮度会增加并为时一个月之久的恒星，这绝非易事；可寻找那些具有奇异性质的暗物质就更是难上加难的挑战了。宇宙学家们从理论方面的计算了解到的这些粒子的性质决定了，要探测到这一类粒子是一项异常艰巨的任务。

垂钓中微子

有事实充分证明，必须去认真地寻找中微子。根据有关的方程，在核反应中会产生大量的中微子，可它们必定微小，而且在运动过程中又不与任何其他物质发生作用才可以穿过其路径上的任何东西——包括我们人的身体；太阳上的核反应所产生的中微子可以连续地穿透我们的身体。这些不可见的微小粒子穿越任何障碍时都畅通无阻，它们甚至可以穿越地球，在到达地球的另一面后继续它们的旅程。这种性质使得我们没有探测它们的机会。按照有关的理论，中微子既不带电荷，又不具有可探测的质量，而正是这两种性质的存在使得物理学家们探测到了在云雾室和加速器中的其他种类的粒子。

• 沃夫冈·泡利（1900—1959），奥地利物理学家，他因发现有关亚原子粒子的定律而荣获1945年诺贝尔物理学奖。他在1930年首先提出存在着中微子，中微子产生于所谓“β衰变”中，例如在原子弹爆炸过程中。恰好在泡利获得诺贝尔奖的那一年在广岛投下的原子弹就是一个中微子源。

那么，为什么要费力地去探测一种没有质量的粒子呢？概括说来，如果探测到的中微子真的不具有质量，那么中微子的存在就不会对宇宙中的引力有任何影响；在这种情况下，中微子就不可能是失踪的暗物质的一部分。而如果中微子具有质量，就算是这个质量微乎其微，那么数量巨大的中微子就可以组成即使不是全部也是大部分失踪的暗物质。

1930年，沃夫冈·泡利在解决核反应中能量的平衡问题时预言，可能存在着中微子。25年后第一次探测到了中微子，又过了10年之后人类又探测到了在宇宙演化过程中在一定条件下自然地产生的中微子。美国科学家弗里德利奇·赖恩斯是这两次科学发现的核心人物。在赖恩斯还很年轻的时候，他就以喜欢尝试不可能发生的事物而远近闻名。他也梦寐以求地要找到中微子，但他关于这一目标的第一个想法显然是根本不可能的。他曾想，既然中微子是核反应的产物，那么核爆炸的中心才是探测中微子的最理想位置。他很认真地思考研制一个可以放置在原子弹内的中微子探测器的方案，但是几乎不可能设计出一个既灵敏又不会在核爆炸中损坏的探测器。

● 弗里德利奇·赖恩斯曾经在 1949 年—1953 年期间为美国特殊武器计划而工作，他应该早已接触过了他所希望的能从中探测到中微子的那种炸弹。

赖恩斯在 20 世纪 50 年代干了一件近乎发疯的事情。经过计算，他认为一个输出能量远小于原子弹爆炸能量的核反应堆，也能够产生足够多以至于很容易在电站附近被探测到的中微子。核反应中产生的其他亚原子粒子会被屏蔽物阻挡在内部，但中微子却能穿透这层屏蔽物而飞

● 1945年在广岛投下的原子弹就是一个中微子源。

到四面八方。可是，知道了这些粒子会飞到哪里并不等于可以探测到它们了。我们要探测的毕竟是一种不带电荷、如果有质量则也微乎其微的粒子。

一种解决问题的方案是，不去探测中微子本身，而是去探测中微子在穿越物体时所产生的效应。因为即使是质量最微不足道的粒子在与其他物质碰撞时，也会释放出一份很微小的能量，这份能量就像是极为短暂和微弱的闪光——就如卢瑟福在他的导致了原子结构发现的金箔实验中所观察到的现象。中微子可能也不外乎如此，当它们与其他物质相撞时就会出现某种它存在着的迹象，这种迹象至少在理论上可以被探测。而且，研制这种能够探测记录微弱闪光的探测器相对来说是不太困难的。问题是在于，怎样辨别这些闪光是来自中微子而不是来自其他粒子。在一个没有经过专门设计的实验环境中，如果记录到了成千上万个闪光事件，其中只有约一个是来自中微子的。这样，从众多的事件中提取出中微子事件来就有如大海捞针了。

可是，赖恩斯很喜欢富于挑战性的事情。他想，如果可以做到尽可能地仔细排除那些非中微子事件，这样就能把中微子闪光事件的候选者减到足够地少。于是，就可以更仔细地研究每次闪光的性状是否符合有关中微子的理论。要做到这些，必须首先找到一个合适的实验地点。赖恩斯把他的实验安排在了很深的地下，因为只有穿透能力极强的中微子才能到达这里，这样其他种类粒子所造成的干扰就减到了最小。另外，他还很小心地把探测器屏蔽得比在一旁的核反应堆更加严严实实。不过，设计核反应堆的工程师们要做的是把亚原子粒子挡在反应堆之内，而赖恩斯和他的同事们要做的是尽可能把其他种类的粒子挡在探测器之外。这样一来就只有中微子这类的穿透能力极强的粒子能够到达探测器并产生闪光。

在上述条件准备就绪之后，他们进行了一系列的校准实验，包括有意识地向探测器中注入电信号，希望以此来模拟所要探测的中微子。完成这项实验需要异乎寻常的细致入微。这意味着要使电信号逼真地模拟中微子的性质，这样探测器上产生的结果就会与真实的实验中的中微子效果毫无二致。在这些校准实验完成之后，又对用电学方法产生的人工中微子进行了实验，发现它们所产生的结果与电信号模拟的相一致，完全在预料之中。此后接下来事情就是等候中微子降临了。这有点像钓鱼，在钓钩、钓线、钓坠等都准备好了以后，就只有“太公钓鱼，愿者上钩”了。

每当检测到一次有可能是中微子事件的信号时，就把所有的关于这次事件的数据记录在计算机中，并认真地加以分析。只有在任何其他可能的解释被彻底排除之后，研究组才确信是探测到了一次中微子事件。这种过程很像是侦探小说中关于那些谋杀案的破案故事。在嫌疑人被一个个地排除在外的情况下，剩下的最后一个很可能就是真凶，这样案子就接近于宣布告破了。同样地，只有在中微子是对探测器所记录下事件的唯一可能的解释时，才能确认是真的探测到了中微子。赖恩斯和他的同事们为自己的业绩感到颇为自豪。事实上在那个地下实验室里，他们很快地做到了在每小时里大约可以探测到三个中微子。

中微子质量之谜

确认了中微子的存在仅仅是迈出了第一步。宇宙学所真正关心的是，虽然知道了在人工核反应中能产生中微子肯定能说明在恒星上的核反应乃至大爆炸中很可能产生中微子，但是还不能说明在恒星上的核反应乃至大爆炸中一定能产生中微子；如果在来自外空间的辐射中也能探测到中微子，这对于宇宙学的意义就非同小可了。如果能确认中微子具有质量，尽管其质量微乎其微，它们就能构成宇宙暗物质的一部分。

赖恩斯未能解决中微子的质量问题，但他终于确认了，在宇宙演化过程中中微子可以在自然状态下产生。他所使用的方法很有些孤注一掷和铤而走险的味道。他把探测器及其屏蔽装置安放在尽可能深的地下，还要离开任何核动力工厂，与原子弹实验场尽可能地远，那个地方的局部地质情况也不应该产生中微子。这样才能保证所探测到的事件只有一个来源即外太空。他使用了一个在南非的金矿，并在 1965 年发现了一个如果说不如黄金那样贵重，但也属“稀世珍宝”的在射向地球的宇宙射线中的中微子。

有另外一些科学家也在继续进行着关于中微子质量的实验，其中一个在法国北部工作的研究小组已经接近大获成功。叶斯·德克拉斯及其研究组的工作室设在一座核电站附近的经过翻修的城堡之内，所做实验的设计方案和思路与赖恩斯的相比有相当的水平。他们的前一半实验是在比利时的另一座核电站附近完成的。在那里他们很好地重复了赖恩斯探测中微子的实验过程；不仅如此，还仔细地测量了从探测地点到核电站的反应堆核心部位的距离。他们的目标是想知道在离开反应堆一定的距离上、在一小时中能探测到多少个中微子。当有关的这些数据被详尽地记录下来，并且在可以对数据进行预测的理论框架也建立起来之后，就可以搬迁到在法国的另一个实验基地去了。在法国，他们照原样重复进行在比利时做过的实验，不过这一次是在更远的精确测量过的距离上进行实验。目前他们还继续对实验装置进行校准，仔细地寻找由于实验地点变化而引起的任何可能的变化。他们接下来想做的是测量由于离开反应堆的距离增大是否引起了被探测的中微子的总出现率有所降低。

他们的思路是这样的，如果这种降低是存在的，则只能归因于中微子的衰变；这种衰变使中微子变成其他种类的粒子并释放出能量，就如同镭等放射性元素的自然衰变那样。而呈现这种衰变性质的元素必然要具备的条件之一是具有质量。所以如果中微子真的在衰变，那么就意味着它必然具有质量，虽然要严格确定其质量的大小需要更为精心设计的实验才可能完成，但至少我们可以知道，在宇宙中自然状态下能够产生中微子，以及因为中微子具有质量，宇宙中的至少一部分暗物质可以由中微子组成。

● 叶斯·德克拉斯在法国北部一座核电站的外面，他希望在这里查明中微子是否有质量。

与此同时，理论物理学家们从另一角度找到了一种检验中微子是否具有质量的途径。它采用了与证明薇拉·罗宾的关于宇宙必然存在暗物质才能解释星系自转的观点的同样的计算机模拟方法，很快地被发展得日臻完善。例如卡洛斯·弗伦克是一位墨西哥籍宇宙学家，其父是日尔曼人，他用这种方法建立了宇宙的整体模型。弗伦克代表了科学家们越来越多的为解开宇宙奥秘而进行的全球性合作，他现在是达勒姆(Durham)大学的教授。

弗伦克建立了一个数据库，其中包括了几乎所有已知的关于宇宙的基本

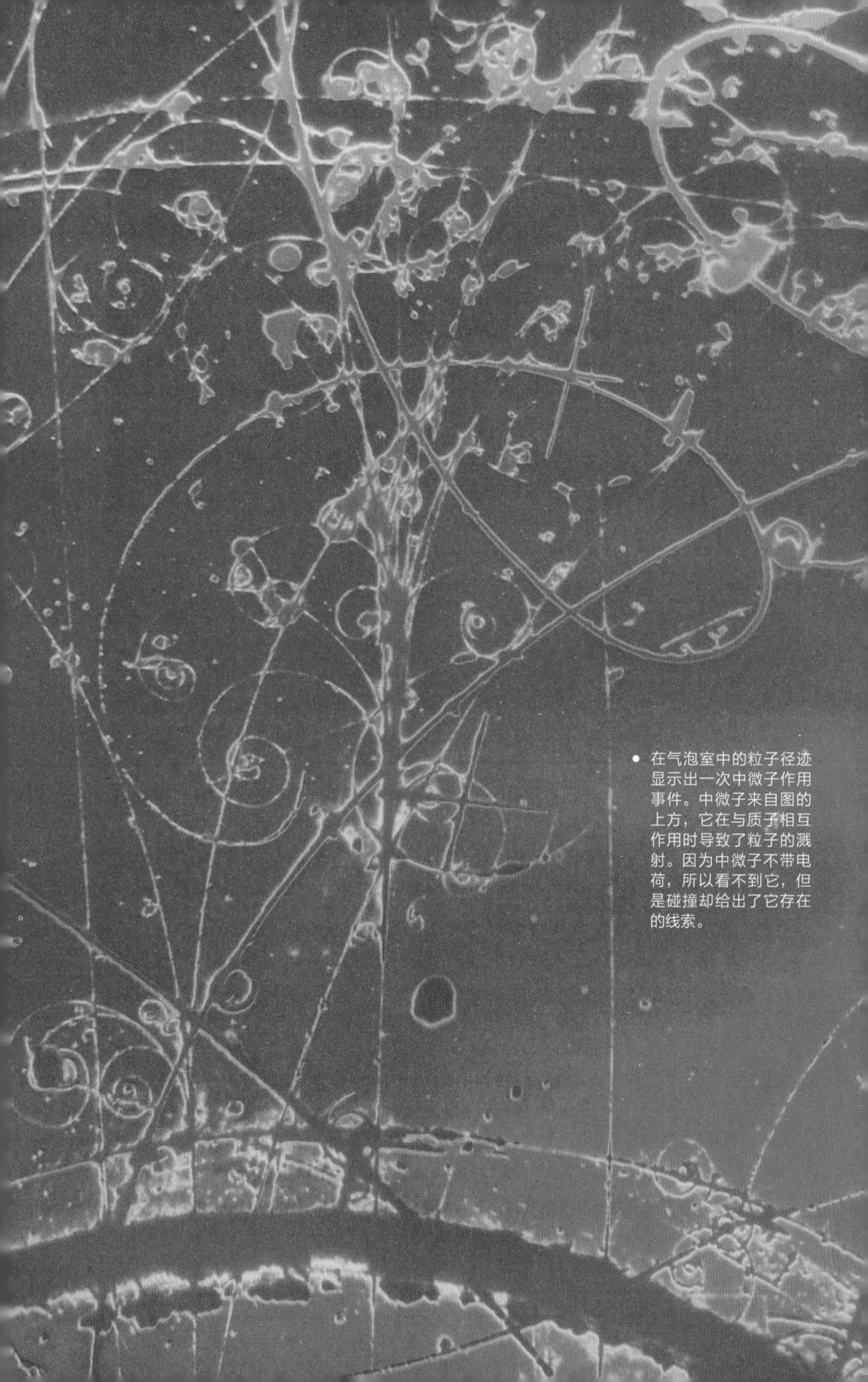

● 在气泡室中的粒子径迹显示出一次中微子作用事件。中微子来自图的上方，它在与质子相互作用时导致了粒子的溅射。因为中微子不带电荷，所以看不到它，但是碰撞却给出了它存在的线索。

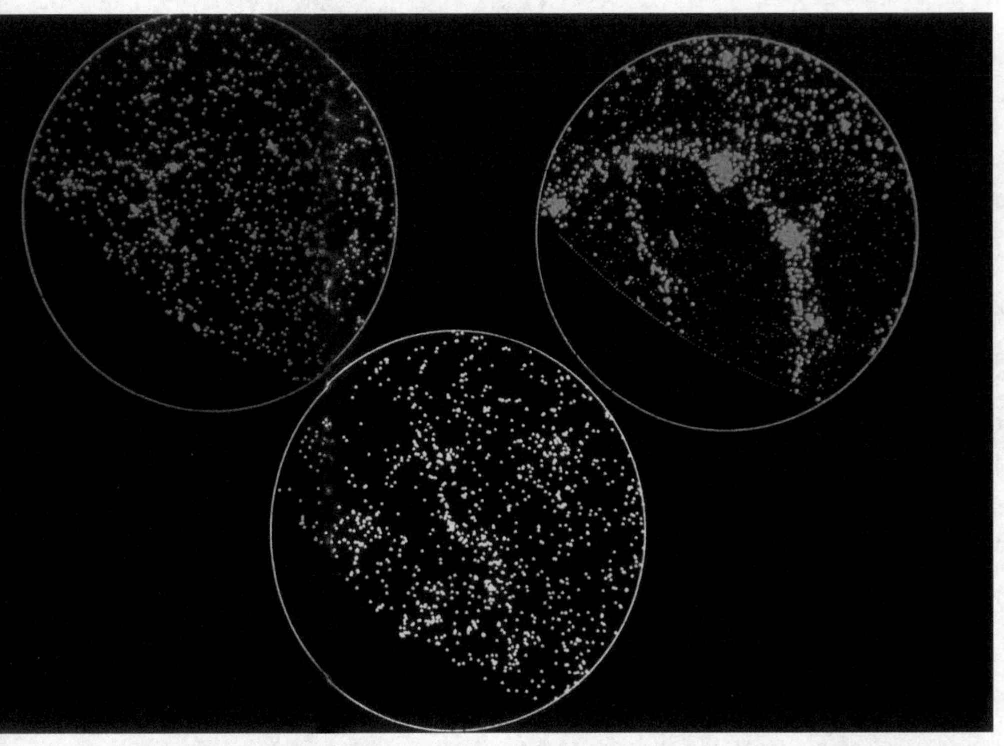

● 宇宙结构的典型电脑图。黄色图根据对真实宇宙的观测数据绘制；绿色图是在假定暗物质是热的（例如中微子）前提下，由计算机产生的模拟图；蓝色图是在假定暗物质是冷的条件下所产生的图，它显然更像观测的真实宇宙（黄色图）。

数据，如当前宇宙膨胀的速率，河外星系的尺度大小和质量大小，它们相互之间的距离等等，这些给弗伦克建立计算机宇宙模型提供了必要的基本信息。在计算机上，他可以随心所欲地让模型随时间向前推移或者向后推移。弗伦克还在模型中加入了解释宇宙运动状态的方程式。这包括了爱因斯坦的广义相对论与预期中的粒子和能量所具有的特性（其中多数已经在粒子加速器中被证实了）。之后，他让计算机在已经输入到程序中的所有条件的基础上，自动地建立起宇宙的模型。显然，如果所有必需的因素都考虑到了，就可以指望计算机能给出一个在大爆炸的150亿年以后与我们今天所观测到的宇宙完全一样的宇宙。

他所得到的第一个宇宙模型，其中只包括了宇宙中的能见物质。不出所料，这个模型完全不像我们这个真实的宇宙。模型中的宇宙没有足够的物质来产生足够的引力而导致星系演化，而是由弥漫在空间的稀薄物质组成的——物质是不均匀的，但都被云雾所包围。

这种结果似乎证明，在这些可见物质之外一定存在着暗物质，它们对宇宙演化机制有着实质性的影响，尚有待于去发现。所以弗伦克和他的同事们转而计划建立另一种模型，其中的中微子被假定具有质量，它们组成了那些踪迹难觅的暗物质。为了确保一切因素都被认真地汇集到一起，又对模型进行了长达数月的调试，终于“万事俱备，只欠东风”了。这一回得到的模型应该更接近于我们已知的真实的宇宙了。

在看到新的宇宙模型给出的宇宙图景时，弗伦克和他的同事们激动得几乎屏住了呼吸。的确，新模型中有星系形成了。可是，这种成功带来的激动突然间又戛然而止，新模型中的星系形状完全不像我们观测到的真实的星系，虽然被假定有了质量，但处于快速运动中的中微子却无力使星系中的物质凝聚得足够紧密以形成真实星系的形状；另一方面，中微子也产生不出与设想的暗物质引力相当的引力。看来会存在着另一种未被发现的奇特粒子。

寻找WIMPs

• 卡洛斯·弗伦克绘制了宇宙整体模型的计算机图像，揭示出星系是怎样分布的。

弗伦克于是在计算机上编制程序来模拟这种新粒子的性质。如果它真的存在，那么经调整后的模型就会更接近真实的宇宙。但他所得到的结果却远远说不上激动人心。这种粒子的运动速度看来应该比中微子要慢得多，有相对大的质量，较少与其他粒子发生相互作用；它们能产生足够大的引力使星系物质凝聚得足够紧密。新粒子不久就有了“冷暗物质”的称号，意思是它的运动速度慢并且具有较少与其他粒子发生相互作用的惰性；相比之下，中微子的运动速度快，属于典型的“热暗物质”。

然而，有一件事倒是颇为使人振奋。这就是，计算机所预言的有关这种新粒子的性质的一些细节，与物理学的完全独立的另一个分支——量子力学（关于亚原子粒子和它们组成原子时的相互作用性质的物理学）所预言的一种粒子的性质细节很是相仿。从量子力学所得到的物质基本组成方式的动力学，必须假定有一种未知粒子存在才能成立。这种粒子的性状与弗伦克这些天体物理学家的计算机所得到的粒子的性状几乎完全相同。于是，科学家们尽快确认这种粒子是否真的存在的愿望迅速变成了激情。

在宇宙学中，MACHO这个字头缩写词已然被用来描述某种暗物质。有人用同样的办法以WIMPs一词来代表上述这种新的未知粒子。WIMPs是英语中“弱相互作用重粒子”的字头缩写词。与其他物质只有很弱的相互作用，这意味着要探测这种粒子是极端困难的。因为它们只有很小的概率与其他物

• 尼尔·斯普纳在布尔拜矿井下进行他的实验来探测WIMPs。据他的父亲说，这是英国最深的矿井。

- 这是哈勃空间望远镜获得的一幅令人惊奇的真彩色图。其中值得注意的并不是较大的或显出黄色的光斑（这些都是前景恒星和星系），而是那些小小的蓝色亮点，它们都是直接观测到的约 80 亿光年以外的星系。因此，我们看到的是它们在宇宙生命极早期的样子。蓝色产生于强烈的恒星形成活动。虽然那里肯定有暗物质，但没有明显迹象证明它的存在。

质相互作用，所以探测到它们的机会也就很少。这与探测中微子所遇到的困难是十分相似的。所以，科学家们理所当然地使用了与赖恩斯探测中微子时的实验装置类似的装置，如深深的矿井才是最理想的实验地点，探测器必须严严实实地屏蔽起来等。当时有一个非常合适的矿井，位于英格兰北部的约克郡。这是一个特别深的钾矿井，以这里做实验地点可谓特别理想，在这里几乎完全没有对探测器的任何干扰。于是，来自谢菲尔德大学的一个研究组，把他们的实验装置安装在了这个矿井中距地面 1.6 千米深处。就像赖恩斯和德克拉斯他们的做法一样，谢菲尔德大学研究组的人也耐心地坐下来等待着任何结果出现。可是，他们没有得到像人们在探测中微子时所得到的结果。迄今为止在世界上其他地方也没有探测到 WIMPs 粒子。

可这个研究组远没有灰心丧气。他们认为，由于 WIMPs 的弱相互作用特性，因而不可能轻而易举地探测到它们。在研究组成员的心目中，成功只是一个时间问题；他们应该做的是持之以恒以及不断地改善探测器的灵敏度，直到有 WIMPs 被探测到为止。改善探测器的工作招致了很多困难，因为越精密的探测器就越容易在矿井下的气压变化中损坏。由于这种原因，研究组已经损失了两套昂贵的实验设备。

● 桑德拉·法博，是圣克鲁兹的加州大学的天文学和天体物理学教授，正在绘制星系的大规模运动图，她相信这种运动是由暗物质引起的。

谢菲尔德研究组持之以恒的精神，终于从天文学家的新近观测结果中得到了鼓舞。女天文学家桑德拉·法博住在美国加州圣何塞，她和她的同事们在一项合作研究中完善了分析天体的光的方法，由于她们充满活力和具有执着精神，这项工作被戏称为“七武士”。她们已经能得到关于恒星和星系的相对运动的三维图像，而这并非她们工作的初衷，但这一结果却使得她们能勾画出一幅宇宙的三维立体图。当这一结果发展为动态的计算机模型时，有一种使人惊讶的运动方式被呈现出来。

虽然就整体范围来说，宇宙中的星系是在相互远离而运动，但在宇宙中很大的区域中也出现了逆向运动，这往往包含了整个星系团。例如我们的银河系所在的巨大的本星系团，似乎就在以很高的速度朝着一个被称为“巨引源”的区域运动。这显示出，在宇宙中有更强烈的引力效应存在，完全不受星系周围的晕轮的影响，而是来自具有 WIMPs 性质的暗物质。WIMPs 暗物质造成的影响比 MACHO 的和中微子的要大得多。

上述的这些只是强调宇宙中还有许许多多的未解之谜。除了可以把时间上溯到大爆炸最初的 1 秒钟以内之外，宇宙学家们还无力解开所有的关于暗物质问题的谜底。还没有人能肯定地预言宇宙的最终命运。宇宙是否会在膨胀结束后的大收缩中、经过大规模的坍塌而回到那个奇点状态呢？或者宇宙会永远地无休止地膨胀下去，虽然膨胀速度会逐渐地减慢，但却永远不会停止呢？最终的答案在很大程度上取决于尚未露出“庐山真面目”的暗物质，或者是有待于其他一些前所未闻的事物被发现之后，关于宇宙的这些问题才会真相大白。

- 射电望远镜开始接收到来自遥远的宇宙深处的奇怪信号时，立刻激发了一连串简直难以置信的宇宙学研究活动，这些研究终于导致了黑洞的发现。

第十章

地外智慧生命和类星体的困惑

监听来自宇宙深处的信号

20 世纪 50 年代，一种新的研究宇宙的方法崭露头角了。射电望远镜是在 20 世纪 30 年代发明的，到了 50 年代其分辨率——区分来自遥远的宇宙深处的射电信号的波长的能力——才有了极大的提高。这一进步带来的结果是，在宇宙的很多方向上都探测到了射电信号。于是，有不少人大胆地设想，考虑到我们人类在不断地通过无线电波发出广播信号，那么在我们接收到的来自宇宙中的无线电信号中，是否有其他高度文明的生物所发出的广播信号呢？

这并非荒诞不经的幻想。在我们的地球上已经进化出了人类这样的智慧生物，而地球却不大可能是宇宙中唯一具备了类似的环境条件的行星。尽管地球是围绕太阳旋转的九大行星中唯一一个有智慧生物在其上生活的行星。太阳是银河系中 1000 多亿颗恒星中的一个，而在宇宙中又至少有数百亿个星系。在宇宙中多得数不胜数的恒星中，难道说只有太阳有一颗有智慧生物能在其上生存繁衍的行星？在如此众多的恒星中，在那些类似于我们的太阳的恒星周围，非常有可能有与我们的地球类似的行星存在。在这些行星上肯定

- 在澳大利亚的射电望远镜阵列，它能综合处理各个子望远镜的数据而得到分辨率很高的图像，这相当于一个直径 6 千米的单个望远镜所得到的分辨率。

会具备适合于智慧生物存在的理想自然条件。人类早已知道，太阳与其他星系中的其他恒星几乎没有什么不同，也没有任何特殊之处。在宇宙的其他角落中很可能存在这样的行星，与人类相似的智慧生物已经在那里繁衍生息。

● 光学望远镜不能长期置于露天环境之下，它需要圆顶的保护。一个圆顶正在转动之中，以使观测得以开始。

以上的这种观点，即不排除有来自宇宙其他角落的智慧生物在与我们通信联络的可能，引起了科学界的足够重视。在美国政府资金的支持下，建立了SETI研究所（SETI是“寻找地外智慧生物”的字头缩写）。它的目标是通过分析来自宇宙的射电信号来寻找地外智慧生物，这种方法实际上是分析射电信号的性质，确认它是经过智慧生物人为地处理的，还是完全与智慧生物无关的从某种自然过程中产生的随机和任意的信号。这项工作在今天仍在进行之中。令人遗憾的是，除了取得了部分信号处理方面的技术改进的成就外，SETI计划迄今还仍旧一无所获。美国政府甚至已经放弃了支持SETI的初衷，SETI之所以今天仍得以继续下去，是幸运地得到了计算机产业界的支持。但是，SETI还是已经为科学做出了一些重要的贡献。它发现了并弄清楚了来自宇宙中的大量的无线电信号和它们的性质，虽然这些信号不是人为地发射出来的。

类星体的奥秘

当射电天文学家们的射电望远镜探测到大量射电信号时，其他天文学家很自然地也把光学望远镜对准了一些从那里辐射出强烈的射电信号的天区。在分析来自这些方位的可见光时，经常会看到一些使人感到奇怪但又并非完全不能理解的现象，这些现象能够解释射电信号。已经确认，引力会使恒星甚至整个星系相互接近甚至融合为一体，这种过程常常会伴随猛烈的碰撞。在用光学望远镜观测强射电源所在的位置时，有时会看到类似于两个星系发生碰撞、产生强烈的核反应并辐射出射电波。可是也并非所有的射电源都是产生于这种机制，有些射电源看起来是很平常的。然而正是这些看起来很缺乏活动性的区域，对在那里产生射电波的机制进行解释最为困难。

这使天文学家们感到迷惘。他们在这些射电波发生的地方能看到的往往只有一颗像是普通恒星的天体，它的大小与旁边的亮度差不多的恒星也几乎毫无二致。那么，为什么这些类似普通恒星的天体会辐射出射电波，但是在那里并没有发现任何天体碰撞现象存在的证据呢？当天文学家们用通常的光谱分析方法来分析这些对象的光谱时，就越发感到莫名其妙了。在通常情况下，天体的光经过折射后被分解成光谱，经过对其中的夫琅和费线的证认，就可以确定恒星的化学成分；而恒星的运动速度和运动方向则可以由分析谱线是发生了红移还是发生了蓝移及红移或蓝移的程度来得出。而这一次面对一颗这类“恒星”的光谱，几乎所有的人都无所适从了。首先就弄不清楚为什么这颗“恒星”会产生射电波，其次在它的光谱中找不到通常在其他恒星上存在的那些化学元素的特征谱线，这可真是奇怪极了。而对其中一个这种奇异的天体，人们还是给它冠以了传统式的、非个人化的、听起来有些平淡无奇的科学编号，编号的形式与给其他恒星的是一样的，它就是3C273。

● 加州理工学院的马丁·施密特意识到了3C273的光谱红移程度之大，从而发现了类星体的本质。

第一个独具慧眼弄清了事实真相的人是有着荷兰血统的美国科学家马丁·施密特。施密特在 1963 年指出，3C273 的化学成分实际上与其他恒星和星系的化学成分是完全相同的。可是这一结论根本没有把 3C273 带回天文学和宇宙学的传统王国；相反，施密特的发现甚至比关于在宇宙中其他位置上存在着异类的文明生物的观点还要使人大吃一惊。施密特的发现是，3C273 的光谱中的夫琅和费线并非消失了，而是发生了极大程度的红移，它们甚至几乎要移出可见光谱的红端而到达了红外线区域。

这一现象表明，3C273 正在以难以想象的高速相对于我们退行，其光谱红移量指示出它的退行速度高达每秒 47400 千米。在天体物理学概念中，只有光才可能比它运动得更快。它相对于我们的距离有几十亿光年。这当中的意义也是非同寻常的。我们在望远镜中观测到的是宇宙中最古老的现象，它们距离我们也很远很远，然而看起来却像是和与我们邻近的恒星那样亮，因此它必然包含异常巨大的能量才能够发出如此强大的光和热；如若不然，它们何以看起来和邻近的、发出的光传播到地球所经过的路程要近得多的恒星一样亮呢？所以无论 3C273 是什么样的天体，我们都能肯定它是非常古老、距离非常遥远、辐射出极高的能量的非常明亮的天体；而且经过计算，就一个具有上述这些性质的天体来说，3C273 的相对体积又是非常小的。这些事实使得天文学家们更为大惑不解了。因为 3C273 和后来发现的若干个与它类似的天体看起来酷似恒星，它们于是被赋予了现在已经流行起来的名字——类星体。

类星体和黑洞

神秘的类星体使天文学家们和宇宙学家们陷入了冥思苦想。是否在一些理论例如广义相对论中，已经包含了关于类星体性质的一些线索呢？类星体与现今流行的宇宙演化的理论框架是否能够相容呢？类星体是否会给整个宇宙学带来新的面貌，以致我们不得不彻底改变我们的宇宙模型，就像托勒密宇宙模型被牛顿宇宙模型或牛顿宇宙模型被大爆炸宇宙模型取而代之那样？类星体的发现，促成了来自世界各地的具有一流水准的观测天文学家和实验物理学家在 1963 年举行了一次讨论会，地点在美国得克萨斯，于是会议自然地被称为“第一次得克萨斯会议”。可是很有趣而且奇怪的是，后来的几次会议虽然并没有在得克萨斯举行，却居然被称为“第二次”“第三次”“第四次”

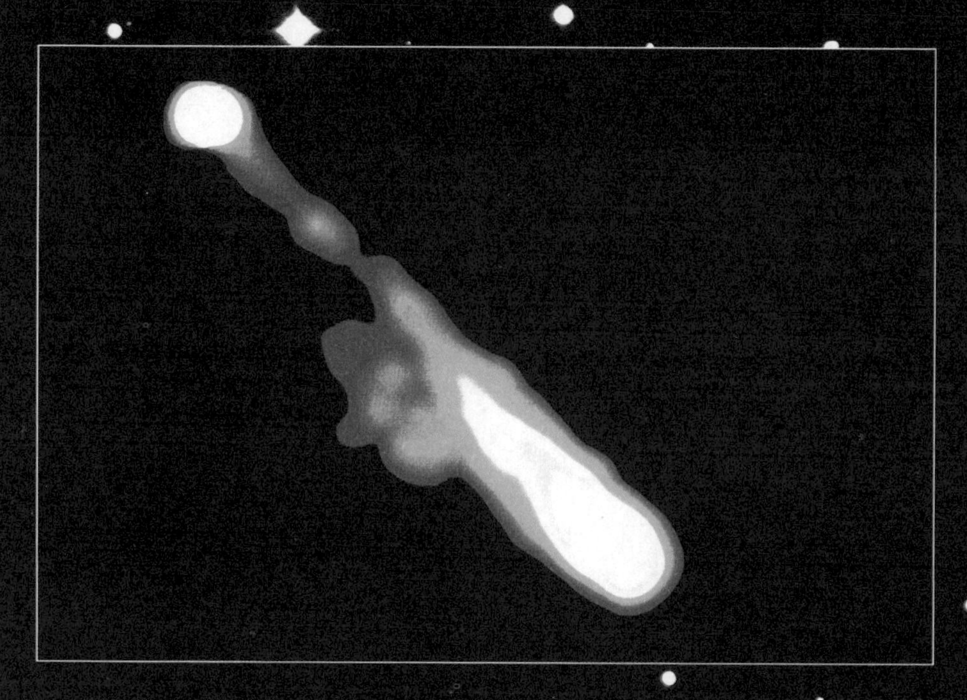

- 一幅典型的光学望远镜得到的照片，一个星系位于较近的位置，许多恒星或星系位于距离我们更遥远的空间中。从理论上说，这些亮点中至少有一个是类星体而不是恒星。（左上角小图）一幅射电望远镜得到的图像，它可能揭示出事情的真相。在图的上部有一个圆盘状的强射电源，它发射出一股长达 120 万光年的巨大喷流。

得克萨斯会议。

在第一次得克萨斯会议上，在理论天体物理学家们之间一个最大的分歧点，是爱因斯坦方程（就是在本书第五章中所述及的彭洛斯以及斯蒂芬·霍金后来在奇点理论中又发展了的方程）预言的所有物质将会向一个点上坍塌的疑问。在几年前，美国物理学家罗伯特·奥本海默对爱因斯坦的关于物质坍塌的理论及方程提出了质疑，引起了一场不小的震动。可是，由于种种原因，爱因斯坦和奥本海默从来没有当面讨论过奥本海默的观点。首先，因为奥本海默参与了在洛斯阿拉莫斯的美国原子弹研制计划，一度离开了理论物理学；即使在二战结束之后，由于冷战的需要，奥本海默仍然留下继续参与了该项计划。所以直到 1955 年爱因斯坦在普林斯顿辞世，奥本海默一直没有机会向爱因斯坦表达自己的观点。

• 罗伯特·奥本海默（1904—1967）以领导了制造出第一颗原子弹的在洛斯阿拉莫斯的"曼哈坦"计划而闻名于世。他对理论物理学也做出了举足轻重的贡献。

在许多方面，奥本海默对爱因斯坦理论的异议与乔治·勒梅特和爱因斯坦之间关于爱因斯坦用一个宇宙学常数来避免使宇宙处于膨胀状态所发生的歧见很是类似。爱因斯坦早已清楚地知道，他自己的方程式预示了物质会坍塌到一个密度极大的奇点上，可是由于某种原因，爱因斯坦不相信真的会发生这种坍塌。所以爱因斯坦认为，当物质坍塌到一定的高密度状态时，它会开始反抗向内的压力，这样坍塌就会停止下来。而奥本海默则认为，应该把这种理论上的物质坍塌的极限放在一旁而置之不理，让它照旧坍塌下去。这等于是在批评说，爱因斯坦这样做是又一次在自己的方程中设置了一个不必要的“刹车器”（就像他曾经制造出一个不必要的宇宙学常数一样）。可是由于这两位科学家从来没有面对面地讨论过有关的问题，人们只能推测，也许爱因斯坦会向奥本海默承认自己是犯了一个错误，就像他曾经向勒梅特承认是自己犯了一个错误那样。

当参加1963年那次得克萨斯会议的理论天体物理学家们了解到奥本海默将参加会议时，都怀着很大的兴趣希望了解奥本海默的观点和进展情况。除了讨论爱因斯坦是否正确的问题以外，还有其他的理由说明奥本海默工作的特殊意义。这次会议的基本议题是类星体问题。当时已经知道，类星体现象涉及极高能释放过程，而奥本海默所研究的数学问题也包含了超能量辐射概念。于是人们自然而然地开始认真地思索，在爱因斯坦方程与类星体的高辐射能之间是否存在着任何关联。人们期待着奥本海默详细说明他的工作，并指出到哪里去寻找对类星体的解释。

可令人遗憾的是，在这次会议上奥本海默却显得非常沉默和尽量不去引人注目。一种可能的原因是，他曾经参与了美国原子弹研制计划，出于政治方面的原因他当时处在情绪非常低沉的状态。在20世纪50年代初期，美国出现了对共产主义过敏的情绪。其中包括令人生厌的麦卡锡主义，怀疑一切同情共产主义的人。由于反对研制氢弹，奥本海默被疑为是危害公共安全的人，他对研制美国的原子弹所做的贡献也被一笔勾销。这些原因致使奥本海默对任何存在争议的问题噤若寒蝉，即使是对纯学术问题也是如此。

● 参议员约瑟夫·麦卡锡滔滔不绝地对被他宣布为共产主义同情者的人提出指控。

原子弹小组

然而在得克萨斯会议上还是有不少没有保持沉默的人，其中就有约翰·惠勒，一位广受欢迎的来自普林斯顿大学的讲师。他也曾经一度参与了美国原子弹研制计划。惠勒素以敢于面对严峻的挑战和采用反常规的方式处理问题而闻名。他向与会人士建议，如果能在理论上清除爱因斯坦理论所预言的物质神秘坍塌的疑点，那么也许关于类星体的诸多疑点也就迎刃而解了。一批年轻的宇宙学家受到了惠勒建议的鼓舞，像丹尼斯·夏玛、罗杰·彭洛斯以及当时未参加会议、但也受到影响的斯蒂芬·霍金。惠勒的学生基珀·索恩也在其内，他后来和斯蒂芬·霍金工作于同一研究领域，并且曾经因为和斯蒂芬打了一次赌而引起了一场风波。这些人都命中注定地成了理论物理学家，并且在后来的岁月里对数学做出了不可估量的贡献，虽然在这些领域中一些早期的工作是由别人完成的。而非常有讽刺意味的是，其中很多人有着与奥本海默一样的背景——曾经参加了原子弹的研制工作。

• 约翰·惠勒曾经在奥本海默领导下在洛斯阿拉莫斯参与了原子弹计划，他继续推进了奥本海默对爱因斯坦方程所作的工作。

当时最迫切地要做的一件事是，找到物质能够按照爱因斯坦的方程所预示的方式实际发生坍塌的理论根据。如果如同许多人所设想的一样，物质坍塌这件事只是在理论上有发生的可能性，那么在宇宙中就没有物质坍塌的真实存在，则物质坍塌也就和类星体无关。所以首先要做的一件事是检验爱因斯坦的计算，看它是否适用于物质在高能状态下的行为。这项工作需要大量的数据处理和通晓高能物理学，这就是为什么惠勒和他的同事们转而向曾从事原子弹研制的科学家们求助。

曾从事原子弹研制的这批科学家具备两种重要的基本素质。其一是他们有着使用巨型计算机的丰富经验，美国政府曾经向原子弹研制计划的关于核爆炸的复杂计算提供了巨型计算机，当时只有最重要的政府计划才能得到此种特殊待遇。而且，随着冷战的缓解和原子弹计划的基本完成，计算机的使用率不像以前那样高了。其二是这些物理学家有着丰富的高能量爆炸物理方面的专门知识，根据爱因斯坦理论，这种高能量爆炸现象存在于坍塌物质的中心和类星体的中心。这样，最先进的技术与掌握专业知识的人结合起来，就能很好地解决内容复杂而冗长的计算问题。因此，在原子弹计划实验室工作的这些物理学家逐渐地转向了研究宇宙学。人们也对他们能顺利地、比想象的更快地破解类星体的谜团而寄予厚望。

接近黑洞

他们所遇到的第一个挑战是，对于一颗大质量恒星来说，在它坍塌时是否存在着除了超新星爆炸以外的可能性。如果这颗恒星质量足够地大，它是否可能有这样巨大的引力、在它坍塌过程中任何东西都不能有幸逃逸呢？是

● 由于美国国防部的需要，最早的机械式计算机发展成了第一代电子计算机，它以手工在卡片上穿洞的办法来输入数据。

否属于这颗恒星的所有物质、包括它的能量，都将被迫集中在一个密度越来越高的点上呢？如果是这样，这正是爱因斯坦方程所预示的东西。在宇宙中一个极不寻常的位置上，令人难以置信地吞啮着周围的一切，甚至连光也不能幸免于难，惠勒称这种有巨大破坏性的不祥之地为“黑洞”。这个名字已经被广泛地接受。

旨在证明黑洞存在的数学计算异乎寻常地复杂和冗长，即使对于当时最快的计算机来说也是如此。在 20 世纪 60 年代初，没有高速和性能完善的现代集成电路，计算机还处于很原始的类型。研究冲击波、核辐射、核反应等相关现象需要处理大量的数据，都在实验室里先由穿孔机上制成穿孔数据纸带，然后才被输入到计算机中。事实上，由计算机得到的所有结果都被送到了在普林斯顿的惠勒那里。

• 被恒星围绕着的一个黑洞的艺术想象图。那颗明亮的前景恒星可能是一个双星系统的一个子星，另一个子星则坍缩成了黑洞。

对于惠勒的学生们来说，老师是一位很具有启发性的先生，他不时地用一些出人意料的办法来鼓励学生们。每当有学生表达出有创新意识的思想时，他甚至会点燃鞭炮来祝贺。他对于研究工作的活力与热情之高到了传奇的程度。一天上午惠勒走进教室，他的激情可谓前所未有。他刚刚得到了消息，立即学生们大声地喊道："已经彻底证明了，黑洞确实能够存在！"他又燃放了几支鞭炮以示庆祝。

可是，这个理论结果还不能证明黑洞实际上存在。人们只是由此而得知，在动态的核反应理论中，允许有物质坍塌为黑洞的这种可能性。这意味着有这样的质量足够大的天体，由于引力作用会在某一时刻坍缩并不断地变得越来越致密。有一些恒星的质量似乎真的有这样大，在已观测到的天空中也肯定有整个的星系至少在理论上会在这样一场坍塌中归于毁灭。但是这并不意

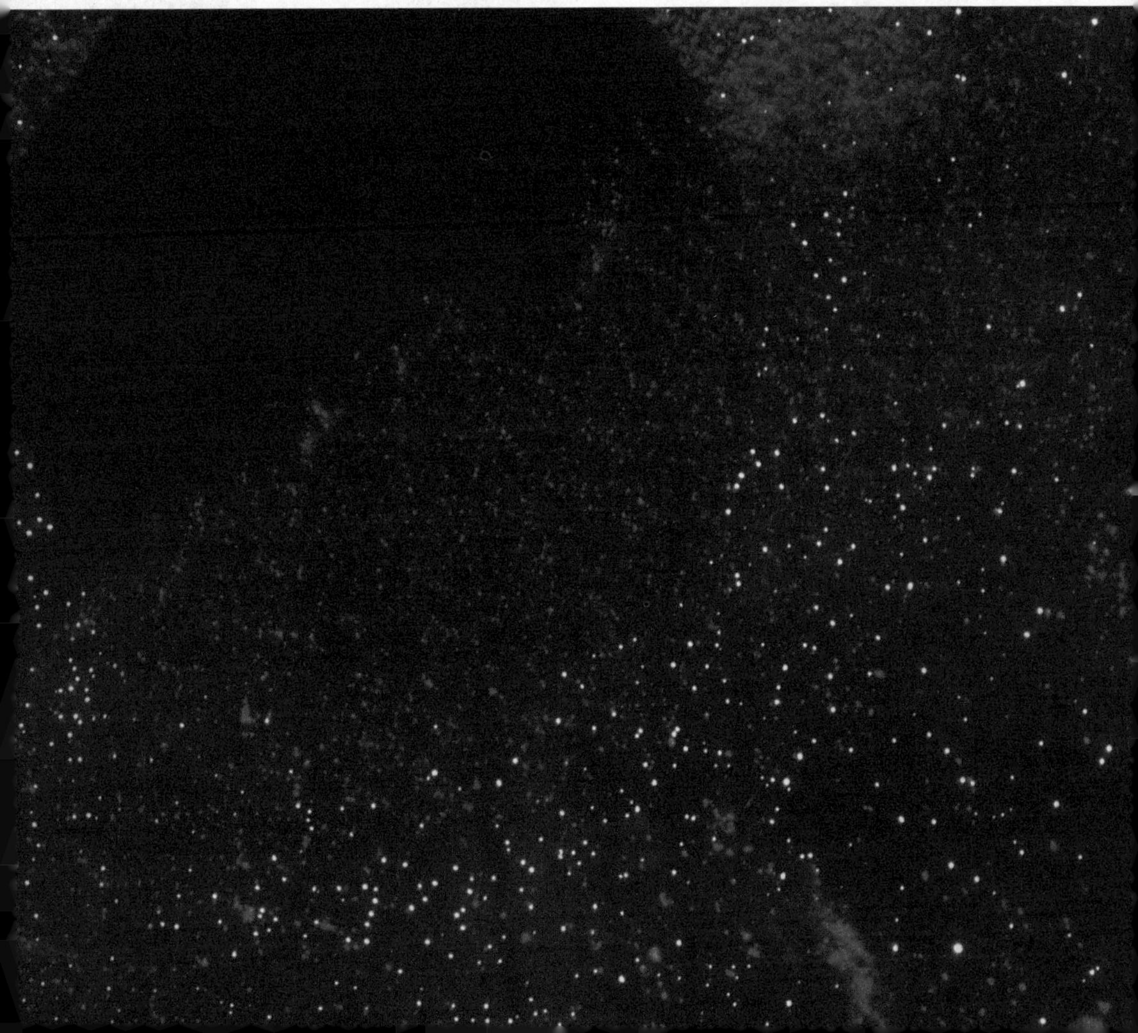

• 在这幅关于黑洞的艺术想象图中，当物质碎块下坠并挤压在一起时，叫作吸积盘的那个部分会变得越来越热，同时绕着黑洞的洞口旋转得越来越快，并有一股巨大的高温气体物质流喷入空间。

味着在实际上它们肯定将毁灭，或者有一些与它们同样大小的天体实际上已经毁灭了。还是需要一些观测方面的证据才能最终肯定黑洞确实存在。不过这一理论结果至少现在证明这种新奇现象是可能的。而且，这一结果似乎还向宇宙学家们强调了一条重要的原则，从数学出发而得到的某种预言，无论是多么出乎意料和听起来是不可能发生的，也应该给它留有余地。

爱因斯坦曾经两度发现，他的方程导致了可能发生使人感到困惑的事情，即宇宙膨胀和物质坍塌成为密度无限大的奇点。于是爱因斯坦不相信这两件事会是真的，他估计是计算出了差错；但是后来出现的证据显示，爱因斯坦最初的结果是正确的，他应该相信自己的初衷。这令人困惑的预言之一——宇宙膨胀——已经被观测证明的确是真的。而他的第二个预言，已经被证明是与被独立地进行的实验证实了的物理学定律相一致。当勒梅特展示了他的关于原始原子的理论时，爱因斯坦坦率承认自己在方程中加入宇宙学常数的做法是错误的。没有人能想象出假如爱因斯坦知道了黑洞可能是一种真实的存在时会如何反应，可能他会坦率承认他对自己的理论做了第二个不必要的修正。可是在一定意义上这些都是无关紧要的。最重要之处在于，宇宙学家们认识到了，他们应该尽力避免对那些来自数学推导的看起来令人困惑的科学预言的怀疑。

可是，上述这些有助于破解关于类星体的疑团吗？如果不能观测到真实存在的黑洞（因为黑洞能吞啮企图从中逃逸的一切），那么看来永远不可能找到黑洞与类星体之间的任何关联了。理论天体物理学家们有责任解决两方面的问题。首先，他们应该弄清黑洞会产生哪些效果，这样观测天文学家们就能通过这些效果而间接地找到黑洞。其次，提出黑洞与类星体之间某种可通过望远镜探测宇宙深处而找出来的关系。如果对这些问题没有真知灼见，那么类星体就会作为一个难解之谜而永远高悬，就如宇宙深处的地外文明所显示的神秘莫测那样。射电天文学已经带来了一些新的谜团，看来要破解它们绝非轻而易举。

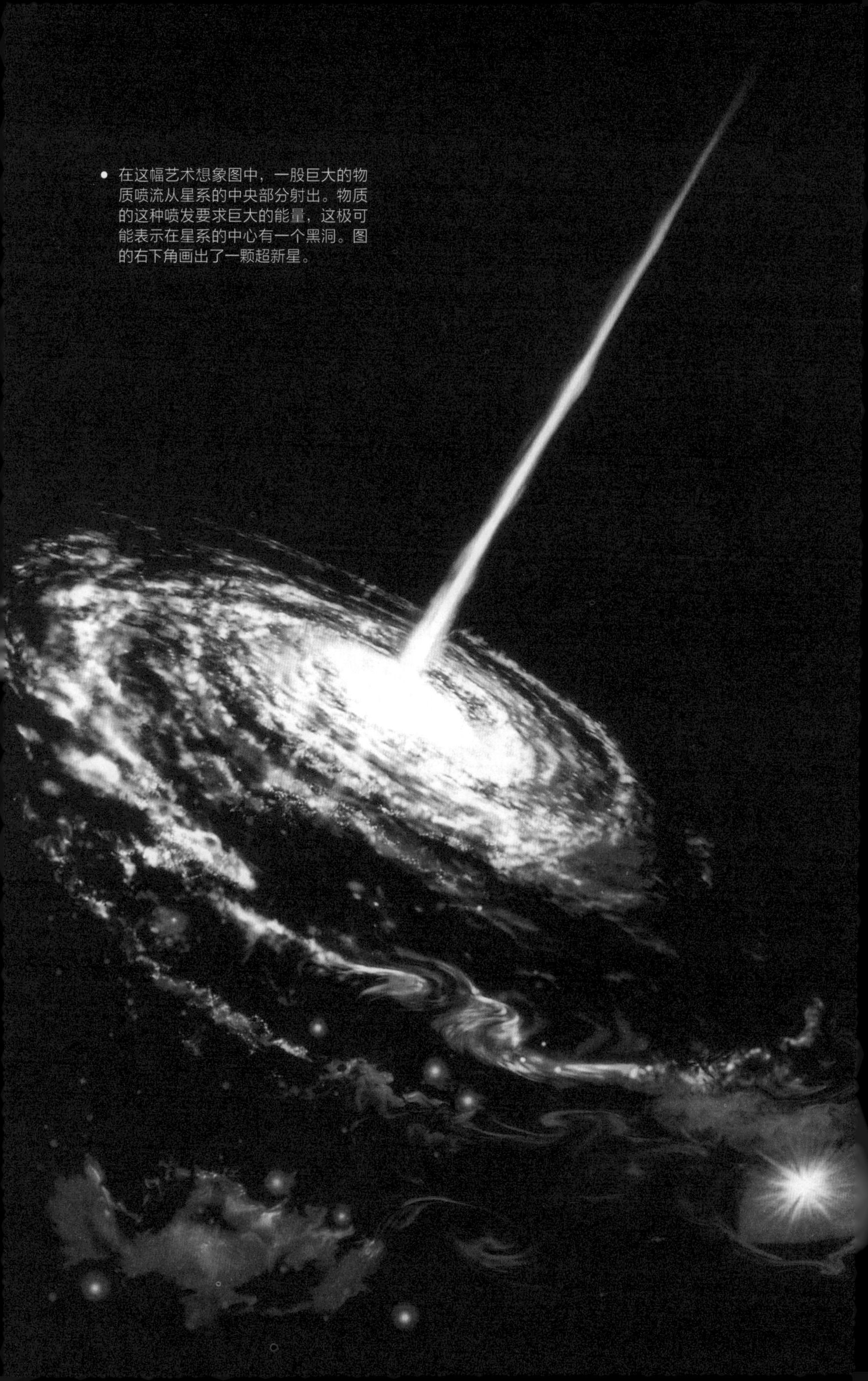

在这幅艺术想象图中，一股巨大的物质喷流从星系的中央部分射出。物质的这种喷发要求巨大的能量，这极可能表示在星系的中心有一个黑洞。图的右下角画出了一颗超新星。

第十一章

寻找黑洞

在第一次得克萨斯会议之后，黑洞问题引起了全社会非常广泛的关注，甚至成了科幻小说的题材，这也就不足为奇了。黑洞是这样一种物体，它有着极其巨大的能量，肆无忌惮地吞啮着周围的一切。它深藏不见，却能毁灭恒星甚至整个星系。它的神奇可以超越任何戏剧中的情节，可以使想象力最丰富作家的作品相形见绌。科幻小说从科学事实中获取灵感总是理所当然的，而且许多一流的科幻小说作家本身就是科学家。科幻从科学中得到营养，而科幻小说也同时有力地支撑着科学。可以毫不含糊地说，在 20 世纪 60 年代科幻小说在一定意义上对唤起一股研究黑洞的热潮做出了贡献。

突发奇想

可是，就在上述这次得克萨斯会议后不久，科学所经历的一次震撼几乎导致了黑洞观念的破产。罗杰·彭洛斯正在使用数学中的分支拓扑学（有关形状特性的数学分支）来研究在引力作用下物质向内坍塌的问题。彭洛斯似乎在认识物体的形状导致相互影响方面天资独具；据说是他的思想呼唤出了艺术家埃舍尔的灵感，创做出了《瀑布》和《上升的阶梯》这两幅著名的“谜画”，其中揭示了有些结构虽然粗看起来貌似合理，然而在现实世界中却不可能存在。在《瀑布》这幅画中，水流似乎形成了一个回路，最终流回了原来的地

● 罗杰·彭洛斯在黑板前解释他的高度形象化的数学理论。这部分数学被生动地叫作“扭转体”理论。他的观点被认为唤起了艺术家埃舍尔对《瀑布》（上图）等绘画的创作灵感。初看上去画中的动力学是正常的，但是仔细地审视就会发现水流的路径存在着混乱和错误。

方，当然在路中并没有“水往高处流”的地点。在另一幅画《上升的阶梯》中，由阶梯围成了一个正方形，而阶梯又看起来越来越高；如果它们是连续而不间断的，则实际上是不可能实现的，就如另一幅画中的水流一样。在现实世界中不可能从一个高度上永远上升、在从来不下降的情况下却又回到原来的出发点上；反之也是如此。

这两幅有名的似是而非的画的意义在于，它们把在理论上不可能发生的事情表现得似乎是可以实现的。对于天真的读者们来说，面对画中的内容常常会陷入困境。画中的东西是真实的吗？如果是，难道理论是错的？反过来如果理论是正确的，则画里的内容必定是错的。使用激励埃舍尔创作热情的同样的数学，彭洛斯如法炮制地给物理学也制造了一个困境。他指出，爱因斯坦的方程所预示的物质向内的坍塌并非只是存在着理论上的可能性，而是这种理论所导致的必然结果，坍塌肯定会发生；而且最终的结果将是，所有的物质集中在了一个密度无穷大的点上，他称这个点为奇点。显然在这个点上所有的物理定律都会完全失效，在数学上也绝不允许任何其他的可能性存在。

上述说法似乎很是荒谬。彭洛斯要物理学家们相信，能帮助他们理解宇宙中物质和宇宙本性以及预示奇点存在的物理学定律，现在却正在引发其自身的毁灭。因为存在着它们自身在其中也不适用的奇点。如果这种奇点是黑洞存在的必然推论，那么黑洞能够实际上存在吗？或者说有关的理论还是非常幼稚的理论，它们导致了不可能出现的结果。这就如埃舍尔的画中的事物，初看上去似乎合理，但在现实世界中却是不可能发生的。

此后，斯蒂芬·霍金指出，彭洛斯关于物质坍塌最后形成一个奇点的过程是随时间而可逆的，物质由外向内地朝着一个奇点坍塌，可以逆变为从一个奇点向外膨胀而成为整个宇宙。物质的体积会增长得极快，膨胀起始于奇点发生爆炸的那一时刻。理解这一点给物理学带来了甚至更大的困难。斯蒂芬·霍金还指出，整个宇宙来自一个奇点，从爆炸短短一瞬间之后就遵从已有的物理学定律发展着，直到现在——已经是从那时起的150亿年之后了。但在那个奇点上，同样的物理学定律都彻底地不适用。宇宙怎么能够在其整个存在期间遵守那些定律，却单单在最初一瞬间不遵守它们呢？迄今为止，还没有人给出可以被普遍接受的解释。奇点问题给我们留下一个深不可测的谜。

黑洞中心之旅

尽管这些理论方面的研究使得黑洞这个概念的可信度降低了，成了类似于天方夜谭式的故事，人们还是决心去把黑洞问题弄个水落石出。也许是得益于科幻故事中的那些逼真的图画，公众特别希望知道关于黑洞的方方面面的事情，诸如我们能走到离黑洞多么近的距离上，如果一个人坠入黑洞中会发生什么等等。于是生动活泼的关于黑洞的科幻描写应运而生了，它们取意于关于黑洞的科学理论而接着进行发挥，比如一个人掉进了黑洞里的情形，在黑洞边缘上的景象等。按照斯蒂芬·霍金个人的但同时也得

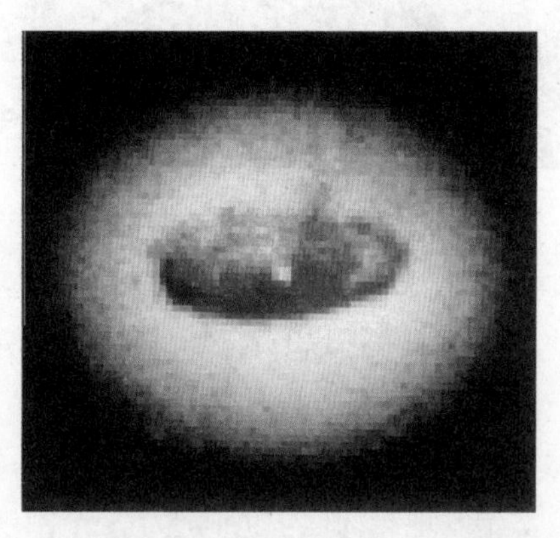

● 这是哈勃空间望远镜得到的一幅极为迷人的图片，它表明在星系 NGC4261 的中心处有一个黑洞。图片中那个暗盘似的东西是尘埃构成的，其直径达到 800 光年。它围绕着无疑具有异常强大引力效应的核心部分极其快速地旋转。

- 一些异乎寻常的发现，例如黑洞，激励着科幻小说作家和电影制片人勇敢地表现那些离奇的、其科学论据还仅仅处于谨慎探讨阶段的事物。

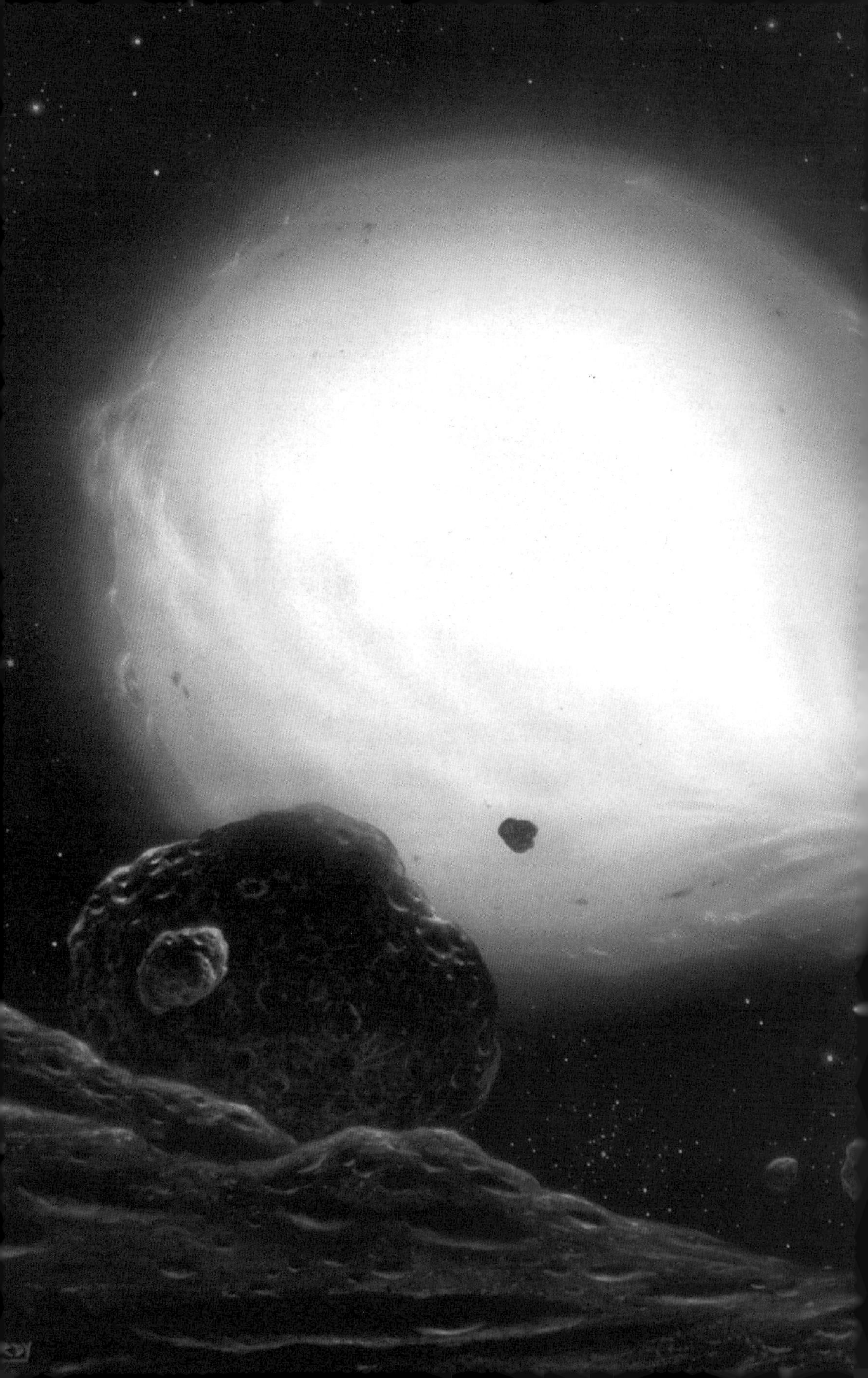

• 天鹅座 X-1 的艺术效果图，这是一个位于我们的银河系中的强 X 射线源，被认为是一个黑洞候选者。物质从 X-1 的伴星 HD226868——它被表现为巨大的白色球体——流出来，在最后坠入黑洞之前形成了一个旋涡状的吸积盘。

到了许多科学家赞同的观点，一个掉进黑洞中的人会被压成面条形状。可是一旦到了这种环境之中，可能没有人再有兴趣去关心正在飞速靠近的那个奇点的细节。

鉴于以上这些推测，人们比以往更加关心黑洞这种可以毁灭一切的天体是否真的存在。根据有关的科学理论，这些科幻小说中描述道，一个人如果进入了黑洞就不可能再跑出来，然而在到达黑洞的边缘上的时候却正是处在生死关头的状态。这时就像小船在水流湍急的河流中流漂，飞速地冲向危险的前方。这时必然有一股力量将一切都卷入急流，当越来越多的物质汇集起来时，不同部分的物质也许面临着不同的命运。有一部分物质或许被推到一旁的相对平静的支流中，可是绝大部分却会一起坠入急流，相互之间发生碰撞与融合，同时在加速的旋涡中旋转得越来越快。

大量物质从黑洞的边缘处被推向中心处，这有些像漂浮在溪流中的原木逐流而下。更准确一些的比喻是，在洗菜池中的水面上漂浮着碎渣，当放水口被打开，水面开始下降时，就会在放水口上方的水面上形成一个旋涡；当漂浮的碎渣接近这个旋涡时，它们就会开始旋转，而且越来越快，同时开始下沉。有大量的物质在围绕黑洞旋转的同时又被加速，以致不可避免地会同其他物质发生猛烈的碰撞，而这种碰撞中的一部分与在粒子加速器中的碰撞很是相似。碰撞所产生的爆炸以及物质间相互摩擦都会导致大量能量的产生并辐射到四面八方的空间中。也许在某个阶段产生的能量会足够地多，使它看起来是一个类星体。

相信不可能的事

科幻故事中的图画点燃了人们的丰富想象力。对科幻小说来说，讨论奇点的真实性质当然不如讨论不久就会发现黑洞更为刺激和振奋人心。无论物理学家们是不是受到了影响，他们还是坚定地认为，在奇点问题上遇到的理论上的困难不应该使寻找黑洞的计划半途而废。他们持有这种信念也许部分是因为他们已经开始相信，尽管解释起来很困难，奇点还是应该被接受并且成为真实宇宙图景的一部分。

最具根本性的争论或许在于，即使不考虑霍金关于奇点的理论，已经存在的证据也使人不得不相信的确发生过一次大爆炸；如果真的发生过大爆炸，则依照奇点理论大爆炸就必然与一个奇点有关。这样，物理学就一步步地承认了奇点是真实地存在的，尽管这有些违背直觉和难以置信。奇点的怪异性质构成了对物理学的挑战。对这种观点的支持甚至也来自量子力学（物理学中研究亚原子粒子的性质和亚原子世界中的作用力的分支）。物理学家们早就认为，物质的微观粒子的性质使物理学定律面临着某种问题，也许大小在亚原子粒子层次上的奇点，在性质和能量方面与亚原子粒子有什么相似之处？无论如何，量子力学和奇点一样也存在着某种神秘的、难以解释的内在矛盾。

物理学家们已经发现，在量子力学中，小份额的能量会与粒子发生相互作用。粒子加速器中的探测器已经记录了粒子间相互碰撞的结果，能量可以转化为粒子以及粒子可以转化为能量。理解这一现象的一种方式是把能量也看成是粒子，于是就把最小份额的能量称为光子。用光子的概念来解释光在其他情况下的行为也可以得到非常圆满的结果。例如，当你打开手电射出一束光时，就产生了千千万万数不清的光子。如果把这束光打到一幅开有两条狭缝的不透明屏上，有部分光子就会从这两条狭缝中通过，在屏后产生两条新的光束，每一束光从一条狭缝中产生。可是，假如只有一个光子而不是千千万万个，那么它又会怎样呢？它是否会选择只从一条狭缝通过呢？

为了弄清这个问题，科学家们设计了一个专门的实验，但所得到的结果却颇为使人困惑。虽然只有一个光子，却显示出它同时通过了两条狭缝。这种结果是从观察两束光相遇时所产生的干涉条纹而得到的（当一定数量的光子被分成两束光，每一束光通过一条狭缝后再次相遇时，就会产生干涉条纹）。在这次的实验中只有一个光子，然而在两条狭缝的后面还是观察到了干涉条纹。因为如果这个光子是从一个狭缝中通过的，就绝不会产生这样的条纹；只有光子同时从两条狭缝通过才会有如此结果。这说明了，可以认为光的小份额能量包像一个粒子（以光子形式出现，就如在粒子加速器实验中的情形那样），而同时它又像是波，波的能量会向四面八方辐射。后来，又用电子代替光子做了类似的实验，结果更是出乎意料。在实验中只有单个电子，居然也能产生干涉条纹，电子就像波一样，好像同时穿过了两条狭缝。这种同时像粒子又像波的性质后来被称为“波粒二象性”。波粒二象性现在是量子力学中的一个基本概念，尽管一个东西同时具有两种截然不同的性质这件事是多么地难以置信。

在量子力学中还有一些标新立异的物理概念，其中对于理论宇宙学来说

- 这是活动星系的对称性的完美图示。活动星系是从它那称为核的中心区域发射出强大物质喷流的星系。发射喷流的能量来自星系的中心，那里大概有一个黑洞。两股喷流是朝着正好相反的方向发出来的。

最重要的可能是沃那·海森堡的“测不准原理”了。这个理论认为，不可能同时把一个微观粒子的动量和位置测量得足够准确。这也意味着，在研究微观粒子的性质时，不可能做到非常准确地预言微观粒子的速度和位置。你不能非常精确地掌握粒子的行为，所以必须接受这种不确定性的存在，也包括接受微观粒子时而出现、时而消失的这种听起来不可能发生的事情。然而，虽然这些原理接受起来很困难，它们却适用于像宇宙学中的奇点这种微小物体，它密度极大，却比原子还小。如果从量子力学出发来处理它们，问题就变得不那么棘手了。斯蒂芬·霍金认为，将量子力学用于处理宇宙大爆炸前的奇点，特别是使用测不准原理和量子引力理论，就可以得到宇宙起源的一种方式。但是这些还远远不能证明黑洞的实际存在，只是对认识奇点的不寻常性质有所帮助，但也使得黑洞的存在变得合理些了。

为黑洞打赌

当关于奇点问题的研究获得进展时，另一些科学家也在努力寻找关于黑洞存在的证据。俄罗斯的雅可夫·泽尔多维奇发现，有大量的恒星是以双星形式存在的——即所谓的双星系统。在这样的系统中，两颗子星相互环绕着运动。很明显，用它们之间的引力作用就可以解释这种运动。如果其中的一颗子星发生坍塌而变成黑洞，另一颗子星还会继续围绕它运动。这个黑洞的质量等于坍塌前的那颗恒星的质量，它的引力会继续对另一颗子星发生影响。于是这另一颗子星看起来就像孤立地在一个环形轨道运动，因为我们观察不到黑洞。找到一颗这样的恒星就等于是找到了一个黑洞的候选者，然后就要按部就班地对这颗恒星进行观测。恒星在环形轨道上运动，有时会接近我们，有时会远离我们，于是其光谱的多普勒移动也会交替地发生变化，有时蓝移，有时红移。如果通过观测肯定一颗恒星有这样的运动，而又观察不到另一颗子星，那么比较合理的解释就是，另一颗子星应是一个黑洞。

可是，从何处着手来找到这种双星呢？随意在数十亿颗恒星中找一个合适的观测对象，然后再花费好几个月的时间对它进行观测，而且希望它碰巧与一个黑洞组成了双星系统，这实在是一件费时费力的事。可是还算幸运，泽尔多维奇能证明，由于黑洞的巨大引力，它能从另一颗子星上吸引出大量的物质，这一过程能以 X 射线形式释放出大量的能量。可是 X 射线也能从其他的物理过程中产生，也不能就此作为在附近存在着黑洞的证据，但至少这种现象提供了黑洞可能存在的线索。所以，如果 X 射线望远镜能确认在空间某个位置上发射出 X 射线，就可以接着用光学望远镜来仔细观测这个位置看是否能找到双星。如果这里只有一颗单独的恒星，那么它就很是值得更仔细地研究了。如果它的运动方式符合在围绕一颗质量大小与黑洞相当的不可见天体运动的模式，那么这种运动和 X 射线的同时存在就可证明非常可能存在着黑洞。这时，观测者就可以推断他们是找到黑洞了。

- 雅可夫·泽尔多维奇（1914—1987）与他的美国同事惠勒和奥本海默很是相似，都是理论物理学家并参与了本国的原子弹制造计划。他典型的俄国背景引人注目地诉说着他曾参与了一些军事计划。

与此同时，另外进行的计算表明，有别的更具戏剧性的线索可以说明黑洞的存在。在黑洞边缘以外围绕黑洞旋转的所有物质，由于黑洞自身急速旋转的驱使，它们的转速都会越来

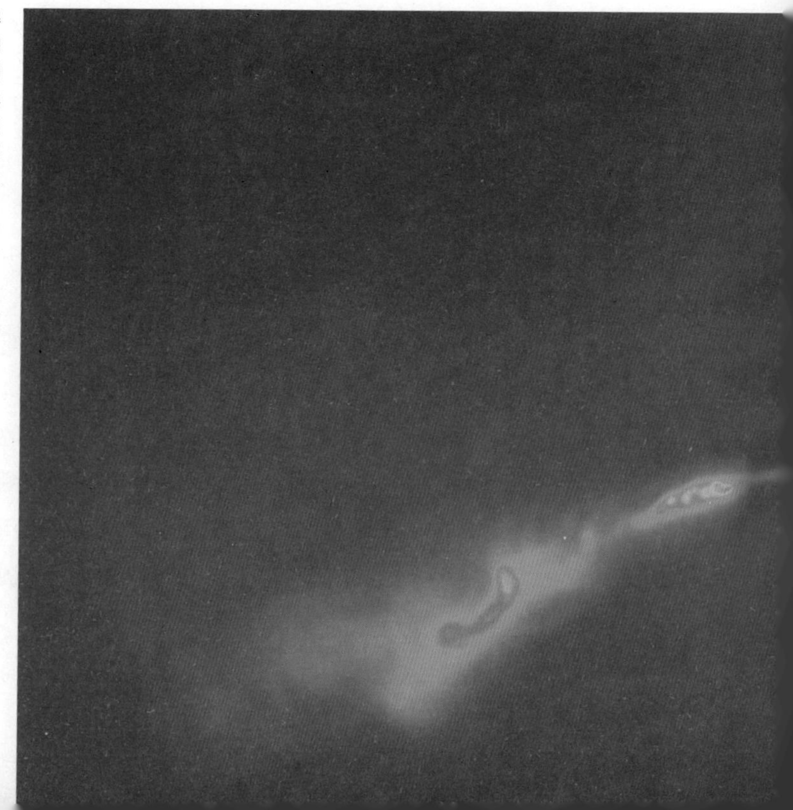

- 这是射电望远镜获得的一幅令人惊讶的图像，它说明了黑洞的威力多么强大！黑洞的全部活动区是图片中央的小亮点，那就是射电源所在的位置。从这个小亮点向两边伸出两股巨大的物质喷流，它们是发出射电辐射的气体形成的大片羽状物，每个羽状物的长度达到了 45 万光年。

越快，其中有一部分会被巨大的力沿着直线抛向遥远的太空。这就像一个人想在一杯咖啡中加入牛奶和糖，他不用勺搅拌咖啡而是采取摇动杯子的办法，于是就会有一部分咖啡从杯子的最上部被甩了出去。这就是天文学家们可以用来寻找黑洞的另外一种效应。而一件麻烦的事是，其他一些致密的天体，例如中子星这种由超新星爆炸而生成的高密度天体也能抛射出物质。所以同样地，上述的效应只能给出有可能存在黑洞的线索。为了保证所发现黑洞的可靠性，还需要其他的证据，如能发射 X 射线和有恒星在围绕着一个什么也看不见的中心旋转。

在为这一目的所进行的最初的观测中，得到的结果可说是支离破碎的。的确观测到了有大量的物质从星系中心喷发出来，也在一些空间方位上发现了强的 X 射线源，然而这些还不能导致任何肯定的结论。一切都悬而未决。真的能发现黑洞吗？难道黑洞只不过是镜花水月，只是从空想的理论中得出来的，只能存在于纸面上、论文中？斯蒂芬·霍金花费了大量时间研究黑洞，他和研究同行索恩打了一个赌(就是惠勒的那位学生，曾参加过 1963 年得克萨斯会议)。在一个空间方位上，已经取得了关于黑洞问题的很好的观测资料。霍金打赌说那里不存在黑洞，而索恩则打赌说那里存在着黑洞。他们的赌注

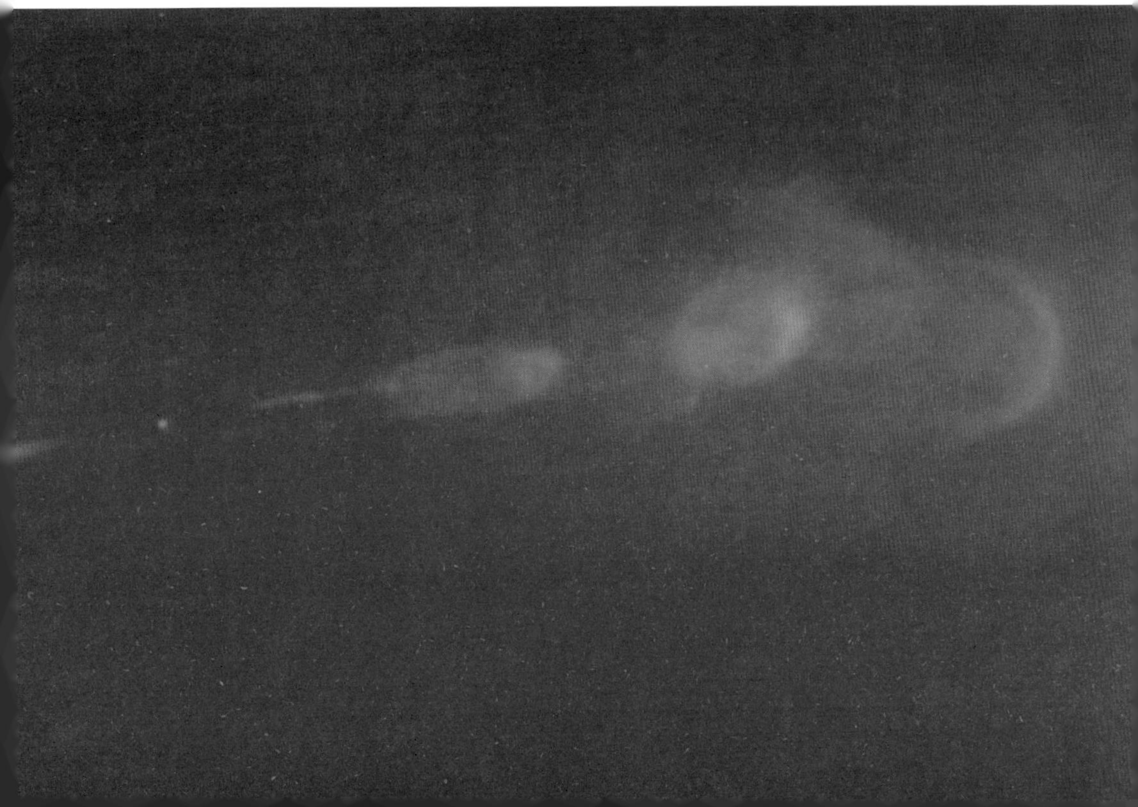

是，如果索恩输了，他就得为霍金订阅四年的《私人侦探》(*Private Eye*)杂志，而如果霍金输了，他就为索恩订阅一年的《阁楼》(*Penthouse*)杂志。实际上霍金宁愿相信在那里真的存在黑洞。他的想法是，如果那里真的存在黑洞，那么他已经完成的工作就有了可观的价值，他也就不在意为索恩订阅一年的《阁楼》，如果那里不存在黑洞，那么自己的许多研究工作也就付之东流，这时有四年的“免费”《私人侦探》杂志作为小小的补偿，也算聊以慰藉。

● 斯蒂芬 · 霍金的“赌友”，加州理工学院的基珀 · 索恩。斯蒂芬 · 霍金通常在每年年底都来他这里访问。

证据在逐渐地增多。1979年，在目标天鹅座 X−1 所在的天区中发现了 X 射线辐射，有一颗恒星看来像是双星系统中的一颗子星，却观测不到它的伴星。这就是霍金和索恩为之打赌的那个目标。不久以后，一切其他可能性都被排除，人们普遍同意在那里发现了一个黑洞。在 20 世纪 80 年代末期撰写的《时间简史》一书中霍金回忆道，他们打赌是在 1975 年，那时他们有 80% 的把握认为天鹅座 X−1 是黑洞所在地；而到了 1987 年，这种把握就增加到了 95%。霍金在几年后终于认输了，他取下了在楼下的布告栏中的打赌“公告”。不久，索恩就开始收到邮寄来的《阁楼》杂志了。

比小说更为离奇

斯蒂芬 · 霍金还是继续着他的黑洞研究，他研究的途径是通过数学推导的结果来考察黑洞的性质。在这一领域内他的最重要成果是发现了“霍金辐射”。长时间以来霍金主要是在研究黑洞边缘上的物理状态，黑洞的边缘就是光和物质能够逃离黑洞的区域与必然要被吸入黑洞的区域之间的分界面。霍金得到的一个结果是，这个叫作“视界”的分界面所包围的活动区的大小，会随着黑洞吞啮物质的增加而增加。这是一个很有意义的发现，它给出了在已有的物理定律框架下黑洞的可能演化方式。

雅克·培根斯坦是当时在美国普林斯顿大学学习的研究生。他指出，按照霍金给出的黑洞的性质，黑洞必然具有温度。霍金曾认为这个想法是错误的，因为任何有温度的物体必然伴随着能量辐射，但是从黑洞中不会有任何能量逃逸出来，它当然也就不应该有辐射。此后，霍金开始研究计算黑洞的自旋与辐射出粒子的关系。结果出乎他的意料，黑洞辐射出粒子与黑洞的自旋无关，而这些辐射出的物质的温度又与培根斯坦的结果相符。由此，霍金发现了符合已知的有关能量的物理定律的黑洞释放出能量的规律。

当霍金等为了深入了解黑洞而努力进行理论方面的研究时，天文学家们观测了更多的与黑洞有关的目标，这些目标往往出现在星系的中心区。类星体太遥远了，很难进行仔细的观察以确定它们与黑洞之间的关系。可是，韦柯夫和维辛格在 1980 年发现了一个有关的重要线索，他们观测到了 3C273 这个最早被证认为类星体的天体周围的星云状物质。其中的含义是很清楚的。那些最早观测到的星云，当后来能更仔细地观测它们时，几乎都被确认为是星系。如果类星体的周围存在着星云，这显示出它也可能是星系的中心，就像许多黑洞位于星系的中心那样。这方面的一个证据是，有大量的物质喷流从中喷发出来的现象正是黑洞的特征，这一点已经从邻近的星系中心观察到。

可是，如果类星体和黑洞以某种方式联系在一起，为什么我们在邻近的星系中却观测不到类星体呢？一种似乎合理的解释是，类星体距离我们非常遥远，或者说从类星体所发出的光比邻近的星系的光要经历长得多的时间才能到达地球。所以我们观察到的类星体，是它们在数十亿年前的样子，那时候所有的星系才刚刚形成。而我们所看到的邻近的星系，依照天文学上的概念，则是它们在不太久以前的样子，它们早已经历过了其中心是一个类星体的演化阶段。这些现象显示，在星系形成的早期，类星体的巨大能量曾经起过不可缺少的重要作用。但是在后来的岁月里这种作用就不复存在了。

一种可能的理由是，在星系形成时，是黑洞的引力将大量的物质吸引到一起。聚集在黑洞周围高速旋转的吸积盘中的高温粒子间的碰撞导致了核反应，这个过程产生了大量的辐射，这就是类星体释放出的能量的来源。然而，黑洞逐渐地将所有碰撞中物质吸引到自身之上，一切活动都慢慢停止下来。在黑洞之外有大量的物质却被推向了相反的方向——一方面黑洞吸引它们，而另一方面远处的恒星和气体的引力也在沿相反的方向吸引它们，竭力把它们拉向黑洞之外的远处。于是，总的物质分布格局就趋向于更稳定。在黑洞周围形成了一个环带，其中的物质围绕着黑洞运动，却永远不会坠落到黑洞之中。原来产生类星体辐射的吸积盘中的粒子碰撞已经不再发生，留下的只有围绕星系中心旋转的恒星星团所发出的光芒。我们在邻近星系中观测到的星光与遥远的类星体的辐射根本无从进行比拟，它们是由早期类星体的活动形成的在中心部位的恒星星团所辐射出来的。在邻近星系的中心的恒星属于目前仍然具有很高能量的区域的一部分，但是与早期类星体中的粒子猛烈碰撞所产生的高能量相比，这一区域的能量又小得多了。

如果这些是正确的，就意味着我们在弄清在约 50 年前由射电望远镜接收到的神秘信号的意义这一工作中，已经向前迈出了一大步。我们也许还没有理解当初引发科幻作家们的创作热情的所有现象，然而肯定地说，有些开始只是一些奇怪的理论，而现在已经变成了科学事实。迄今为止，还没有任何在宇宙的其他部分有智慧生命存在的迹象，反倒是非同寻常的黑洞，还有它那仍在困惑着我们的奇点，则已得到令所有专家满意的确认。黑洞和类星体都已经有说服力地在科学上占有了一席之地。

这些进展说明，无论宇宙学中的数学做了何种预言，也不管这预言对于我们有限的经验来说听起来是多么不可能，我们都必须对之加以认真的考虑。科幻小说经常为后来成了科学事实的那些东西起到铺平道路的作用。使用爱因斯坦方程可以准确地预言时间和空间的形状变化，它会以我们完全没有体验过的方式影响我们——例如时间翘曲。

大多数人把宇宙想象成一个正在膨胀中的气球，我们就住在其中的某一个位置上。可是，这个气球或许根本不膨胀，而更像是一个松弛和有弹性的袋子。也许我们这个宇宙的时间和空间会弯曲和伸缩到这种程度，以至于宇宙能够被折叠起来。在表面上的两个部分会十分地接近或通过一个“虫洞”连接起来——形成一个奇异的时空隧道，通过它在某一天我们或许会从宇宙的一头一下子到达另一头。

科幻小说的作者们继续超前于科学家们炒作这些观点，他们往往比以令人窒息的极快速度引导我们前进的科学事实还快一步或两步。很难想象我们能到我们这个宇宙的外面去，我们总是假定宇宙可以包容一切。但是现在的科学家们，包括科幻小说的作家们，已经在认真地考虑是否还存在着另外的宇宙——它们也许有无限多个。但如果要真正理解我们这个宇宙的起源，看来必需彻底地更新我们的思想，而转向某种并非轻而易举的、与我们的直觉相悖的思维。

- 哈勃太空望远镜揭示了人类肉眼看不见的东西：离地球异常遥远的暗弱星系。然而即使采用了比人眼灵敏得多的太空望远镜，我们窥探早期宇宙的能力仍然受到限制。

第十二章

从无到有

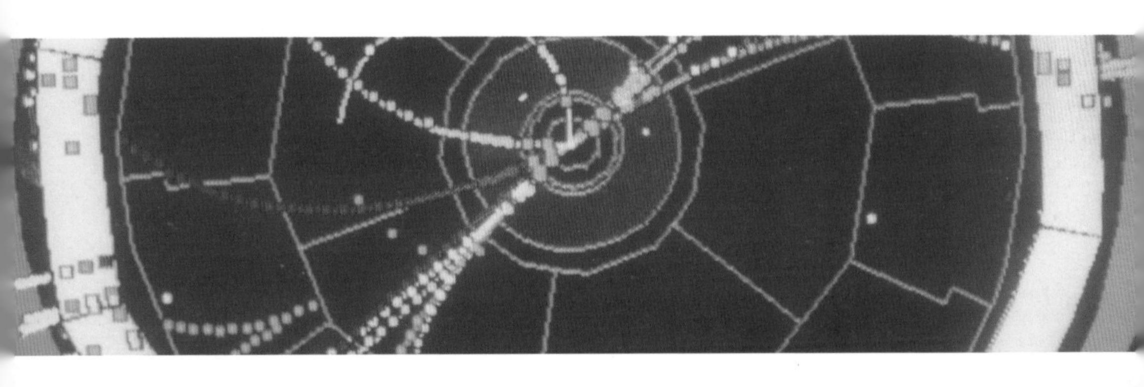

想一想美国舞蹈演员搭档福里德·阿斯泰尔和金格·罗格斯，或者牧羊人和他的牧羊犬，或者合作发现DNA（脱氧核糖核酸）结构的弗朗西斯·科里克和詹姆斯·华生，有数不清的这种事例说明，好的合作产生的效果比单枪匹马地工作产生的效果往往更胜一筹。在宇宙学中的情况也是如此。例如，开普勒在理论上的灵感，需要加上第谷·布拉赫的系统性观测数据，才弄清楚了行星绕太阳运动的轨道的真实形状。这是将理论与观测结合起来揭示宇宙奥秘的极好的实例。早期人们在海上对地平线附近的船只的观察说明了地球是球形的，而最初的那些宇宙模型必须对这个观测事实进行解释，同时它们也要对观测到的太阳、月亮、恒星和行星的位置做出解释。托勒密的理论模型首先较完善地做到了这一点，所以它能在很长的历史时期中长盛不衰，一直延续到伽利略的观测证据说明其存在的缺陷。从牛顿理论出发建立了新的静态宇宙模型，而在300年之后，哈勃的观测证据导致了大爆炸动态宇宙模型。而且迄今为止，观测事实继续支持着这个理论。彭齐亚斯和威尔逊探测到了大爆炸后遗留下来的背景辐射，乔治·斯姆特和COBE卫星观测到了宇宙中温度微小的纹波，而星系正是从中演化而成的。

小爆炸和观测极限

然而，对宇宙学来说有点不幸的是，理论和观测的极其有效的结合已经到了极限。如果想正确地回溯到宇宙的初始状态、那开始大爆炸的一刻，就不难理解为什么观测再也不能给我们助一臂之力了。现在我们还能观测到宇宙爆炸的剩余背景辐射这件事已经很非同寻常。在比冰点还低273摄氏度的绝对零度，已经探测不到任何热量，这也正是绝对零度的定义。处于绝对零度的物体不能用任何测量温度的办法探测或观测到。在大爆炸150亿年以后的今天，由理论计算可知，宇宙背景的剩余温度应该只比绝对零度稍高一点。但我们不仅观测到了背景辐射这个大爆炸遗迹，而且还观测到了其中存在的温度起伏，这等于是通过观测发现了星系的起源。

就如同观测冷的物体有一个极限——绝对零度一样，观测高温物体也存在着一个极限。有关理论告诉我们，在极高的温度下，所有的物质都会变成不透明的，于是就不能观察到这些物质的形状和结构了；这就好比有各种物体隐藏于浓密的热雾之中。所以尽管我们能建造威力越来越大的望远镜，能

● 很难想象出宇宙演化过程的纯理论模型应该是怎样的。我们甚至对于日常生活中的事件，如一滴水从淋透雨水的树上掉进下方水池之中，如果定格在短短的某个瞬间，也会感到非常陌生。暴涨理论研究的就是宇宙初创时短短一瞬发生的事情，而且常常用泡沫来描述。

够观测到比一些类星体更遥远的宇宙深处。但我们已经明白，我们还是不可能沿时间上溯而观察到宇宙大爆炸那么早的时代。当然不要忘记，我们所观测的目标距离越远，从那里发出的光经过这段距离所需的时间就越长。这里所讨论的遥远天体的距离都是以光年为单位的，这样也就同时给出了光从那里发出来一直到被我们所观测到所用的时间。这意味着，假如能观测到 150 亿光年以远的宇宙深处，我们就能看到大爆炸那一刻的情形了。可是我们知道这是不可能的，不管所用的望远镜有多大。当我们沿着时间的旅程回溯而上的时候，在距离大爆炸大约 30 万年的时候就会遇到那浓密的热雾。

事实上，如果力图观测到宇宙的最初时刻，我们能做的最好的是，观测那些在理论上应该存在的大爆炸刚刚过去后的环境。在当前的技术条件下，这些环境可以被模仿出来，但只能在粒子加速器中维持短短一刹那的时间。在最快的碰撞发生的那一刹那，所产生的温度和压力被认为与大爆炸后最初 1 秒钟内的温度和压力相当，于是被物理学家们称为“小爆炸”。但是小爆炸太

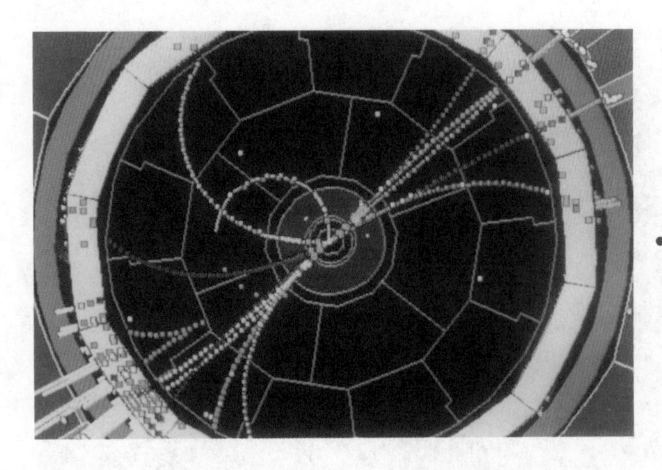

• 计算机显示的粒子碰撞事件可能是我们所能观察到的最近似于大爆炸的情形。粒子加速器中一些最猛烈的碰撞在极短时间内产生的压力和温度，在大爆炸的最初瞬间肯定也曾存在过。

短暂了，科学家们只能得到关于大爆炸时情形的很少的线索，尽管它模拟了大爆炸后的一刹那。它不能告诉我们是什么因素创造出了这些条件并且将其维持下去，直到演化出了今日的广袤而神奇的宇宙。

在粒子加速器中的这些现象能够证明的一点是，可以在极高的温度和压力下幸存下来的东西只能以纯粹能量形式存在。粒子的径迹看起来不是起始于碰撞发生的那个位置，它们是探测器在碰撞点上探测到纯能量一刹那之后形成的。但是这还是不能告诉我们在一刹那之前发生了什么。大爆炸到底是怎样开始的？是什么因素导致了宇宙膨胀并维系了后来使得宇宙不断地膨胀下去的一系列反应的发生，以至在150亿年以后的今天它仍在继续地膨胀？如果能制造一座可以产生更加极端条件的加速器，在其中可以模拟出在小爆炸之前的情形，这对于宇宙学肯定是有非常重要意义的。那时，我们也许能观察到可以帮助我们回答诸多的问题的现象。可是，我们所能观察到的东西又一次地遇到了限制。

最早的粒子加速器只有约1米长，这样短的距离却足以把粒子加速到能够击碎原子。可是要想把粒子加速到稍稍快一点的速度，就必须使加速路程长得多才能实现。例如，CERN加速器有长达27千米的路程，才能把粒子加速到碰撞后能产生小爆炸。而经计算得到的能够模拟更早一点点，即大爆炸开始时的条件的加速器的大小，有的物理学家认为要有太阳系那么大才行，有的干脆认为必须要有整个宇宙那么大。看来哪一种看法正确根本就不重要了，这样大的加速器显然都不具有任何可行性。这样我们就再一次地遭遇了观测条件的限制。

用搭积木的方式来构筑理论

由此看来，宇宙的终极秘密也许只能由理论方面的工作来解决。这可能导致的一个显而易见的危险是，占据优势的往往是那些以最大的音量讲话和口若悬河、无比雄辩的人，而不是那些经过实验证实的科学理论。初看起来，只凭借理论自身似乎无法证实一种理论的正确与否，而实际上发展中的理论的某些方面本身就含有所需证明的种子。

理论物理学家们的工作方式有些像儿童们玩积木。每块积木的每个面上都有一幅图画的一个部分，由于每块积木有六个面，所以能把积木拼起来显示六幅可能的图画中的一幅。当然，每次拼积木只专注于拼出一幅有意义的图画。因此，经过不断地尝试和重组，总会拼出一幅有意义的图画来。构筑一种有希望的宇宙学理论的过程与上述过程很是类似。但问题是，我们如何证明拼出来的图就是我们要的真正的图而不是貌似可信的可能性呢？

玩积木时，通常可以把搭建好的整套积木翻转过来，同时小心地保证已经拼成的那幅图保存完好。于是这幅图被压到积木底下看不见了，原来压在下面的那一面现在显示在上面了。如果你现在看到的是一幅与原来拼成的那幅全然不同但完全可以看懂的有意义的图画，那么你可以确信你拼合的第一幅图画是正确的。构建一个有希望的宇宙学理论与此类似；如果发现这个理论能使另一个理论成立，那也就证明原来的理论应该是正确的。

一个很好的实例是斯蒂芬·霍金发现霍金辐射的过程。他想通过对几个俄国宇宙学家的理论进行改进来建立一组简化的方程，用以描述黑洞是怎样由于自旋而辐射出粒子的。斯蒂芬后来发现，他的方程给出了较以前结果稍有不同的结果，黑洞辐射出粒子与它的自转并无必然联系——这个结论相当于搭建好的积木的一个面——它是不是正确的呢？当霍金考察这个结论所导致的结果时，他发现由此结论出发则黑洞必然具有温度，这就恰好与培根斯坦的理论不谋而合。这相当于在搭积木游戏中由积木的另外的面组合而成了第二幅有意义的图像。

有一两种关于宇宙起源的理论得到了上述一类证据的支持，已经被广泛地接受了。在此基础上我们朝着理解宇宙的起始点即我们不可能观测到的最初一瞬间的情形前进了一步。然而，有其他一些观点却并未得到理论上的支持。因此我们必须谨慎地分清已经被宇宙学家们广泛地接受的观点和那些不

● 当积木的一面拼接成一幅有意义的图画时，与之相对的另一面会自动出现另一幅图画。这是说明第一幅图画正确的一种依据。本图中的积木显示了安德烈·林德的头像和表明他的第三版暴涨理论能够成立的计算机生成的图。

过是未经证实的个人观点。

微小真空

现在已经被宇宙学家们广泛地接受的一种观点是所谓暴涨理论，起始于20世纪70年代末。那时冷战已趋缓解，但是在苏联，公众观点的表达却仍然处于政府的严厉控制之下，在科学新发现的发表问题上特别是如此。在莫斯科，一位有才华的青年物理学家安德烈·林德正在致力于研究关于在早期宇宙中、在大爆炸刚刚发生之后，从理论上来看是什么因素导致了如此快速的膨胀。因为肯定有某种原因导致了今天我们观察到的宇宙膨胀速度以及现在的宇宙尺度。

有一天林德得到了一个灵感。他记得数年前有人曾指出如果将量子理论应用于制约真空本质的定律，原则上能量可以从一无所有之中自发地产生。这意味着可以将测不准原理应用于微小的真空，就如测不准原理可以应用于亚原子粒子那样。同样地，在量子力学中粒子可以以某种方式时而出现、时而消失；这个理论也可以允许最微小的真空处于这种势态。由于有关黑洞的经验已经向科学家们表明了，对于数学和优秀的物理理论所预示的任何结果都必须认真地对待，对以上的观点给予重视看来并非小题大做。（应该注意的是，根据现有理论，即使在真空中也存在着能量，所以在真空中本来就并非真的“一无所有”。——译者注）

问题是在于，即使承认从真空中可以无中生有地产生一份微小的能量，可也没有充分的理由认为这种能量可以转变为宇宙中所有的物质，正是在这个问题上林德有了他的灵感。林德理解到，已经进行的关于真空中的能量问题研究工作显示，真空中的能量会自动地膨胀。那么在这之后会有什么事情发生呢？真空能量是否会从无到有地出现了，并快速地膨胀起来却不再次消失？这种能量的暴涨会不会

● 暴涨理论的奠基者之一、前苏联科学家安德烈·林德现在美国斯坦福大学任教。

● 阿兰·谷斯清楚知道，他的理论尚不能得出正确的结果，因而人们对他的理论所表示的赞扬并不意味着已被普遍接受。但他提出的暴涨理论仍然被宇宙学家们承认是有助于解释初期宇宙的一个重要理论。总有一天我们将确切知道如何使这个理论符合要求。

长时间地连续不断地进行下去，一直到所有的物质充满了现在我们观测到的这个神奇的宇宙？

林德为这种可能性的存在而为之一振，通过数学推导他发现在理论上宇宙可以诞生于这种快速暴涨中。可是这里也存在一个问题——这个宇宙的性质与我们的真实宇宙的性质并非完全相同。那么这种观点是否值得认真对待呢？林德坚信的确是如此，他决定对这些理论进行修正，使得其结果更接近于真实的宇宙。然而在这一关头他无意发表他的有关理论，因为从当时笼罩在苏联科学界的大气候来看，林德深信当局不会同意发表他的观点。他们会说，林德的看法很有趣，然而却不可能被证实，因为从林德的理论出发得不出一个真实的宇宙。所以林德所写的有关论文也肯定会被置之不理。

与此同时，一位在美国工作的物理学家阿兰·谷斯也得到了同样的理论结果，他也为这一结果而兴奋异常。阿兰·谷斯在突然间得到这一新想法的当天夜里就进行了有关的数学演算，并于第二天继续进行，还向同事们展示了这一工作。他拿着写满他的方程的笔记本，上面还用潦草的笔迹写着简短的标题“让人大吃一惊的观点”。当他演说完自己的暴涨理论时，同事们都已经意识到这肯定是非常重要的进展。谷斯还解释了，真空能量最初的暴涨可以导致宇宙的诞生，虽然所产生的宇宙不同于我们周围的宇宙。与苏联人很不同的是，美国人的传统是，当一种新的有希望的科学观点初露端倪的时候，就倾向于把它发表出来，即使其中还存在着某种问题也无所顾忌。谷斯毫不犹豫地把他的新观点在一家科学刊物上发表出来，于是他理所当然地获得了暴涨理论发现者的荣誉。

无论是这两个人谁率先发现了新的观点，林德和谷斯无疑是各自独立地完成了新理论的工作。当他们都知道了这种理论不能对真实的宇宙做出准确的描述时，林德对谷斯发表新理论的勇气表示了钦佩。毋庸置疑，两个国家不同的科学研究风格对论文的发表方式产生了重大的影响。

吹起气泡

许多宇宙学家现在相信暴涨理论与早期宇宙的某些特定方面还是相符合的，但是也有一些人认为需要一种全新的理论才能得出一个有说服力的宇宙模型。可是林德却坚信暴涨理论经过改进后就可以摆脱存在的任何问题，他在一个夜晚突然想到了一种可能的解决办法。当时为了不影响正在梦乡中的妻子，他躲在卫生间打电话。无论电话中讨论的话题是什么，当林德感到关于暴涨问题的另外一种思路突然涌上心头的时候，他一下子把话筒扔到了一旁，不惜让在电话另一头的朋友莫名其妙地陷入窘境，跑进卧室摇醒了妻子，无比激动地大声喊道："我猜我知道宇宙是从何而来的啦！"

林德的新灵感的关键因素是，他曾经假定，所有的真空能量都暴涨成为了现今的宇宙。可是如果事情并非如此，结果又该如何呢？假定真空中的全部能量都释放出来了，就像刚打开饮料瓶时嗞嗞地响着溢出来大量的气体。在这一过程中有许许多多的气泡——不只是一个大气泡——在拧开瓶盖、瓶内压力突然减小的瞬间一起涌上顶部。为什么不能设想，真空中的能量变成了亿万个小的能量泡，就如上述的饮料瓶现象一样，而只有其中的一个小能量泡暴涨成了我们今天的宇宙？林德基于这种思路重新进行了数学推导之后发现，一个与我们生活的这个真实宇宙相符的宇宙就可以由暴涨理论得出来了。看来他向妻子夸下的海口终于实现了。

可是还有一个显而易见的问题必须回答。如果只有一个真空中的小能量泡暴涨成为宇宙，那么其余的能量泡又怎样了呢？因为每个能量泡本来都可能暴涨为宇宙。从逻辑上说，有两种可能的回答，一种是它们暴涨成了我们这个宇宙之外的宇宙，我们却永远不能看到或探测到这些宇宙；一种是有其他的某种未知因素起了作用，其余的能量泡都不复存在，只有我们这个宇宙幸存下来了。由于找不到一种恰当的方式在描述和解释暴涨的数学方程中加入表示上述未知因素的因子，看来这里需要发现某种新的物理定律。

可是苏联人关于什么才是严谨的科学的观念，又一次地延误了林德公开发表他的多重宇宙暴涨理论。虽然的确是他率先建立了这种理论，但是另外两个研究暴涨理论的美国人发表文章阐述了这种理论并指出了它的缺陷之处，他们轻而易举地就做完了这件事。这位苏联科学家对必须得到当局的批准才能像国外同行一样公开地、轻松地从事理论物理学研究感到特别失望。当然现在世界各地的宇宙学家们都承认林德是第二版宇宙暴涨理论的创始人物，可是他在宇宙学家们当中知名度还不是很高，斯蒂芬·霍金就是不认识林德的宇宙学家之一。

1981 年，斯蒂芬出席了在莫斯科召开的一次国际会议，由于疾病缠身，他的发音很难听得清楚，他所要讨论的专业问题又涉及了一些特殊的词语，只有宇宙学家才能很好地理解，所以一位译员在理解他的话时遇到了困难。于是，安德烈·林德同意兼任翻译员向大会宣读斯蒂芬的论文。林德回忆道，当斯蒂芬·霍金开始阐述他的观点时，林德感到有些尴尬，因为斯蒂芬很透彻地说明了多重宇宙的观点并且指出了其中存在的缺陷。结果林德不得不在本国同事面前详细讲述自己的理论存在的不足。

林德和霍金后来一起离开了会场，来到霍金居住的旅馆房间并开始研究有关的方程式。在他们之间始终没有发生什么争执，因为林德深知这个理论存在的缺陷。让所有的能量泡创造出多重宇宙来，这就存在一个问题，即从数学上考虑就应该存在无穷多个宇宙，这意味着任何一种情况都可能出现。这个理论不能减少存在的各种可能性，也不能解释我们这个宇宙为什么会演化为现在

- 暴涨理论认为，真空中的能量会膨胀而且会像饮料产生气泡那样向外释放。林德和谷斯这些理论物理学家面对的问题，就是要弄清楚我们所在的宇宙是怎样从这样一个点演化而来的。

的样子，只是简单地认为在存在着各种可能性的前提下，我们的宇宙就是这样演化的。通过天文观测我们已经知道自己在宇宙中的位置，多重宇宙理论并不能让我们了解更多的东西。这个理论允许任何一种可能性都存在，所以就等于什么也没有说。一种可以允许任何事情发生的理论是毫无意义的。

这个理论的另一种解释认为我们这个宇宙是唯一幸存下来的，也远非令人满意。如果没有一种现有的物理定律允许这种可能性的存在，只是为了达此目的而临时创立一种理论，就会在很大程度上损害理论的可信性。这等于又是在说所有的可能性都存在，只是因为有一些尚未发现的定律我们这个宇宙才得以唯一地幸存下来。这样，这个理论又一次地因为什么也没有说而显得那样苍白无力。

无中生有

安德烈·林德意识到了所有的这些缺点，而且也体会到了越来越严重的苏联科学界的官僚体制问题。他深深地感到失望了，很难再维持对于自己研究领域的热情。当他接到上级的指令时，他对于宇宙膨胀这个课题的想象力已经近于枯萎了。他被命令代表苏联参加一个物理学国际会议，并且被要求在几天之内写出一篇有分量的论文以显示苏联的科学水平。他于是集中精力，像他自己说的那样变戏法似的撰写论文，另一方面，这些因素终于使得他决定离开苏联到美国去继续他的事业。

林德这次写出的论文经过修正已经成为关于宇宙暴涨的第三个理论，在美国斯坦福新居之中，林德不无自豪地借助于计算机绘制的彩色图形来说明这一理论，在斯坦福，林德和他的妻子都在大学里教授物理学。林德的新理论堪称全面创新，却几乎没有得到其他宇宙学家的支持，但他果敢地宣称关于大爆炸理论的所有问题都已经解决，而且大爆炸发生的时刻已经确定。这个理论依靠的是物理学中的场的概念。

很多人都知道在磁场中会显示出与磁有关的种种性质，而且带电粒子在磁场中的运动与其在磁场中的位置有关。林德认为，在被称为“标量场”的另一种场中，时时地会产生微能量泡，它们会暴涨为许多个宇宙。这些宇宙又分成性质相同的组，这些组又相互连接起来，就像沸腾的水面上的气泡那样。在每个组之内，不同的宇宙可能演化得稍快些或稍慢些，这取决于它们

在标量场中产生出来的方式。我们的宇宙就是这样一个组中的一个成员，它以恰似我们所观测到的这种方式演化。

林德自信自己发现了一种永存的宇宙网络连续不断演化的方式，每一个宇宙都以自然的方式从标量场中衍生出来。每个宇宙的演化都经历过大爆炸的阶段，但大爆炸不是它的起源，这样就避免了奇点所带来的问题。然而，他必须花点时间去说服其他的宇宙学家接受他的全部观点才行。也许只有林德自己能理解标量场理论，但是用一切都来自暴涨来解释早期的宇宙还是被广泛地接受了。关键的问题是找到一种判断这种理论正确与否的方法，但迄今为止既无法证明其正确，也无法证明其谬误。暴涨理论必须显示出它的相当于积木图像的另一面才更有说服力。从另一方面来说，直到现在也还没有出现一种比暴涨理论更好的诠释宇宙早期膨胀是如何发端的理论。

- 科学家使用人造卫星得到的观测数据可以避免地球大气干扰造成的歪曲。哈勃空间望远镜和科比卫星都是这方面的极佳实例。近期的卫星观测方案设计中都采用了许多巧妙的方法，有望得到关于宇宙起源的新线索。

第十三章

一切系于弦上

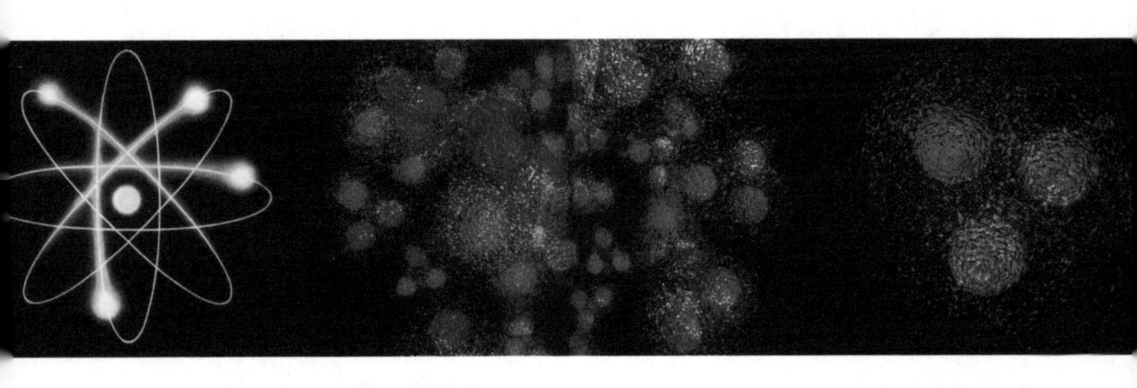

适者生存
大统一理论
弦上的夸克
第十一维
M 理论
普朗克探测器计划

适者生存

当安德烈·林德离开苏联抵达美国时，他仍然在为他的暴涨理论的第二个版本而冥思苦想，在这当中他需要一种新的物理理论来帮助他摆脱模型中出现的那些多余的宇宙的困扰。林德定居于西海岸的斯坦福大学。而这时在美国东海岸的宾夕法尼亚，另外一位宇宙学家李·斯莫林却在思考着将一种新的关于自然界的定律应用于宇宙学，但是他的出发点却不是林德在其中引申出了真空中的微小能量泡的量子理论。斯莫林致力于爱因斯坦理论相关的数学以及黑洞、奇点等的研究，还在研究斯蒂芬·霍金是如何演绎宇宙是从一个奇点中演化出来的。

斯莫林考察了奇点的数量问题，这些奇点是已知的黑洞必然的最终结局。为什么它们中的全部或一部分没有演化成为新的宇宙呢？他找不到任何一种物理定律能够解释这一点，于是斯莫林进行了一番所谓“横向思维”。在自然界中有这样一种情况，起始于同一个点上的所有东西，并不能全部地发展起来。特别是在生物学中有无数这样的实例。亲鱼能产下数以百万计的卵，但只有少量能被受精。从受精卵孵出的鱼苗中的一部分也可能被别的鱼吃掉，不能长大成年。对于人类和大部分哺乳动物来说，需要有数以百万计的精子才能保证其中的一个在经过某种危险的旅程之后与一个卵子结合并使之受精，于是才有一个胎儿从中孕育出来。这就是人所共

● 李·斯莫林想知道生物学是否能帮助物理学解释为什么我们会居留在我们看到的这样一个宇宙中。

知的生物学定律——“物竞天择，优胜劣汰”——查尔斯·达尔文进化论的中心思想，它将地球生物之间复杂关系的内涵昭示于我们。

类似的规律是否适用于宇宙演化问题呢？斯莫林这样思索着。也许在宇宙的历史上曾经有很多奇点诞生，但是只有一个幸存下来，就如使卵子受精的那唯一一个精子一样。只有那个最适于生存的奇点才演化成为现今的宇宙。

大统一理论

虽然斯莫林的见解为林德的多重宇宙模型存在的问题提供了非常好的解决方案，但他的见解还是没有赢得宇宙学家们更多的赞赏。而且作为一种理论，它并没有得到一种物理学方程或实验证据的支持。大多数宇宙学家当然希望，在现有物理定律的框架之内找到一种包容一切的对这个宇宙的描述。他们很接近实现这个目标了，对于其中的大多数人来说，完全没有必要从另外一个截然不同的学科来引进一个定律。可是，物理学家们同时也意识到，在科学给出一个关于物质运动的完整的解释之前，有一个核心的问题必须予

• 自然界有什么东西能帮助我们弄清楚宇宙学遇到的难题吗？需要大量的鱼卵才能保证有足够的鱼苗存活并发育成熟，从而维持物种的繁衍。我们的宇宙可能是大群萌芽期宇宙中的唯一幸存者吗？

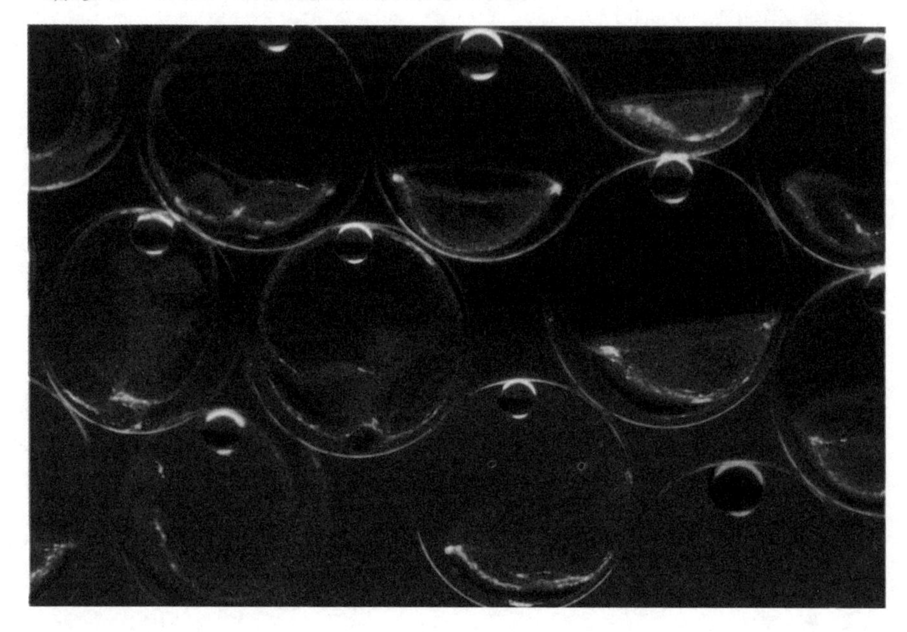

以解决，这就是宏观物理理论（相对论）和微观物理理论（量子力学）之间的不协调。这多少有点像开凿隧道，如果是按照严格的计划从山的两侧同时开凿，而两端的经严密控制逐渐前进的隧道开凿面却不能正好在山体的中部迎头会师，这真令人大失所望。

● 阿尔伯特·爱因斯坦对宇宙学做出了也许是比任何其他科学家都更重要的贡献——然而他却未能建立起囊括所有物理学的大统一理论。

相当于在隧道一头的爱因斯坦的广义相对论，对大尺度动态宇宙给予了极好的解释。其中关于引力的方程在预报太阳系内行星的轨道方面能给出足够高的精度，尽管所涉及的距离尺度很大。如果我们能发现宇宙暗物质的准确数量和真实性质，那么广义相对论就能继而对星系的动力学问题给出完美的解释。而相当于在隧道另一头的量子力学能对亚原子粒子的行为给出极好的描述，像海森堡的测不准原理和波粒二象性这些量子力学的规则和观念，已经在很高的精度上为从粒子加速器所得到的观测事实所证明。然而，当物理学家们试图将这两种堪称伟大的物理理论在它们应该相遇的地方融合为一体时，它们却显示出是格格不入的。关于宇宙的宏观物理学（主要取决于引力和奇点的可爆发性）既需要把微观物理学也包容进去来解释一个奇点怎样产生并导致了大爆炸，又需要用引力效应来解释大爆炸后宇宙的形成。

将这两部分物理学衔接起来的理论被称为“大统一理论”。一个事先的假定是这样的，如果这个理论能够建立起来，将使物理学能够描述整个宇宙中所有形式的物质行为。它将能包含所有的作用力，以及这些作用力如何在原子中起作用和如何在宇宙动力学中起作用。爱因斯坦曾意识到有关这个理论的方程的重要性，并相信这些方程能像他以前得到的方程 $E=mc^2$ 那样简明却又具有深刻的内涵。他在普林斯顿的晚年中耗费了很大精力去寻找“大统一理论”。在他逝世的那一天，他的案头上还放着写着方程式的手稿。但是迄今为止，还没有人在爱因斯坦的计算中发现任何他所努力寻求的目标有已告成功的迹象。

弦上的夸克

在爱因斯坦去世仅仅几年之后新的希望就出现了。20 世纪 60 年代初期，粒子物理学家们发现，可能存在着比在粒子加速器观察到的亚原子粒子更为基本的一族亚原子粒子。他们认为这个族由六个更基本的粒子组成，这种更基本的粒子称为夸克。这些夸克具有各不相同的性质，可以按三个夸克组成一个组的方式组成许多不同的组来产生物质的下一个层次粒子的基本性质。在一段时间里这只是一种理论上的假说，可是后来获得了观测证据的支持后，物理学家们却开始对此感到颇为疑惑，因为似乎不可能观察到单独存在的夸克，它们总是以链接在一起的形式出现。

这一现象导致了这样的看法，那些由夸克组成的较大一些的基本粒子，它们很像是一段又一段的弦，在每一段弦的两端各有一个夸克。有时候是单独的一段弦，有时候弦的两端连接到了一起，成为一个小小的环；在每一种情况下，弦上的夸克都不能单独地分离出来，因为它们已经是弦的一部分。此外，依组成一小段弦和弦环的三个夸克的性质的不同，弦将以独特的方式振动，这些不同的振动方式又决定了它所组成的高一层次微观粒子的性质。由于这方面的理由，夸克被赋予了听起来很不具科学色彩的名字，例如“顶夸克”“底夸克”“上夸克”“下夸克”“奇夸克”“魅夸克”等。它们不像基本粒子那样被认为是单独的质点，而被认为是正在振动着的弦，这种振动决定了我们在原子中探测到的那些作用力。

尽管弦理论听起来颇为玄妙，但它的确已经使得对粒子在构筑高一级物质结构研究的数学计算大为简化了。如果不是有一种数学能最有效地利用这种研究亚原子粒子的新方法，那么也不会对宇宙学家们产生重要影响。这里

● 揭示原子内部的秘密这项工作越是深入就越步履维艰。原子核被电子包围着（左图），每个原子核由质子和中子组成，每个质子或中子又由三个夸克组成（中图），由三个夸克组成的每个夸克组——此处给出的是一个质子（右图）——的中心都有弦。为了得到相对大小的概念，可以把原子想象成太阳系，那么弦的大小就相当于太阳系中的原子。

所指的是拓扑学。拓扑学是数学的一个分支，斯蒂芬·霍金和罗杰·彭洛斯用来构筑描述黑洞深处的奇点的理论和关于宇宙起源理论的数学方法就用到了拓扑学，霍金和彭洛斯的理论又建立在爱因斯坦引力方程的基础之上。于是，拓扑学就可以包含相对论、引力理论以及表述亚原子粒子的弦理论的数学方法。这是否就意味着，在一定意义上弦理论和拓扑学研究包含了那难以捉摸的大统一理论，而后者又可以把整个物理学都统一起来，并且最终地解释宇宙起源问题呢？

第十一维

据说一位物理学家乘船前往希腊途中为了消遣时间而翻阅一本数学百科全书，在偶然间它首先从包括了弦理论的拓扑学的数以百计的方程中找到了关于引力的公式，接着他又找到了对于亚原子物理学是处于核心地位的电磁力的方程。无论这当中的事情到底有些什么联系，物理学家们是想在建立包

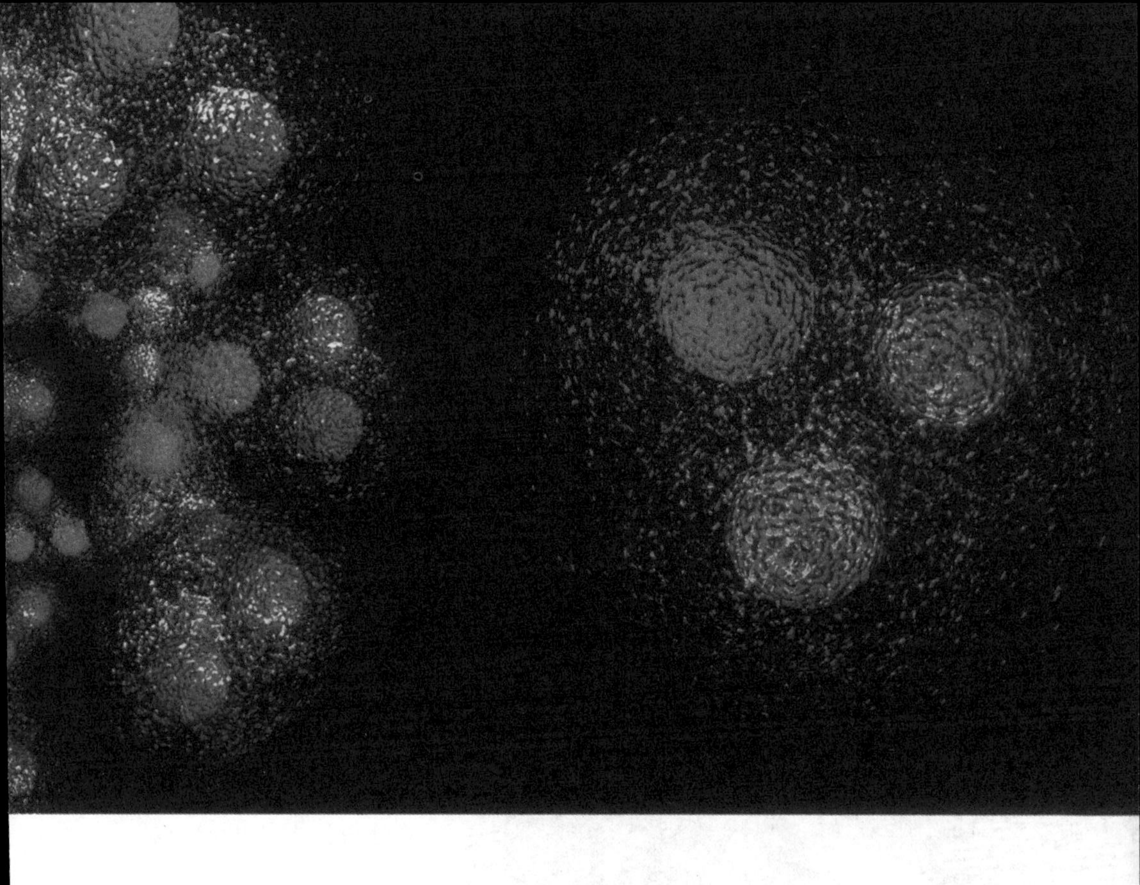

罗万象理论的挑战中，通过考察弦理论中诸多的复杂方程来找到一条出路。在刚刚开始的时候他们精神振奋，对于找到一种数学公式来解释宇宙的起源而满怀着希望，可是到了20世纪80年代初期，仍然没有令人满意的结果出现，于是物理学家们逐渐地体会到了弦理论的数学是远非简单的。

弦的振动涉及到时间和空间的振动，所以描述弦的数学应该至少是四维的。其中首先有空间的三维，设想一个物体例如盒子，它必然有长、宽、高三维，另外还有1维就是时间。这个盒子可以被从一个房间移到另一个房间，这种情况下就不难理解第四维——时间因素的作用。尽管盒子的长、宽、高都没有改变，但它在一定的时间内被移动了，其位置发生了变化。

可是，描述弦的运动的数学如若只有三维却是不够的。设想一个盒子的长、宽、高可以发生某种改变，这种改变并不难理解。它在一定时间内发生位置的改变也不难理解。然而可以设想除了在这三维内的变化外还有另外的变化模式吗？大多数人肯定很难再进一步想象。可是弦理论的数学却预示出存在着第五种模式以及更多的模式。研究这些模式的一种简单方式是将它们称为第五、第六和第七维等等。这里的动力学问题虽然很难想象出来，但是为了得出弦理论的方程式，它们还是有用的。当今最前沿的弦理论认为至少存在着十一维。

● 人们寄希望于埃德·韦顿，期盼他能从弦理论出发揭示大统一理论。

如此之多的维度使得计算变得复杂而纷繁。非常使人心灰意冷的是，试图从成千上万个方程式组成的迷宫中找到一种答案的努力却至今一无所获。一些物理学家开始意识到自己已经在一个巨大的数学沼泽中迷失了前进的方向。与多重宇宙理论的情形很相似，这种复杂的弦理论可以预示出各种可能的结果，因此也不能对任何问题做出有意义的处理。在最初的兴奋感觉慢慢消失之后，取而代之的是失望和迷惘。一些宇宙学家开始怀疑弦理论是否能昭示宇宙最后的秘密。如果没有一些具有很顽强的坚持力的人仍然在这领域中上下求索，人们可能从此就放弃和遗忘了弦理论。

M理论

在没有轻率地抛弃弦理论的物理学家之中，有一位是在美国普林斯顿高等研究院的埃德·韦顿教授。韦顿以有些玩世不恭的作风而闻名，被其他物理学家戏称为“教皇”，这清晰地表达了对他在本领域内的研究能力和所处地位的赞誉。在同事们看来，如果有人能够找到解决弦理论问题的办法，那么这个人就是韦顿。在 20 世纪 90 年代，韦顿重新激起了人们对在弦理论的复杂网络中找到一种有意义的大统一理论的可能性的兴趣。他指出，有许多相关的方程实际上是另一些方程的镜像方程，他称这种方程成对的现象为“二元性”，并且努力去找出它们。它们通常出现在不同的维度上，以相反的角色出现。例如，在一个维度上出现的一个很强的作用，它的“二元伙伴”则会以较弱的作用出现在另一个维度上。

韦顿开始研究如果他把能够找出的所有“二元性”方程都合并到一起会发生什么情况。如果能把它们整齐地排序，这会有助于找出一个共同的最本质的东西，即弦理论的“中央树干”。韦顿相信，一种更具意义的图景正在显现出来。他称他研究弦理论的新思路为“M 理论”。它是对升华后的弦理论“超弦理论”的再次升华。韦顿确信，如果仔细地使数学内容简化，就可以得到一个足够简单的方程，这个方程就能把物理学的两个方面统一起来，这样一个大统一理论将能够对宇宙诞生时的动力学做出解释。

可是，如果这些都做到了，我们怎样才能肯定地知道，这在一定意义上是对一个古老问题所做出的最终的解答呢？我们只能希望有一个“积木另一面的图画”，即与 M 理论中的方程所产生的结果完全相符的另一种理论的出现。但是我们却不能保证这一定会实现。而且，任何一种理论只有在它可以多次重复地被验证的情况下，才能被谨慎地接受。无论如何，科学的力量在于，凡是未经实验验证的东西，就不能被认为是真实的存在。可是，找到一种能够验证大统一理论的实验却也不是一件容易的事。

普朗克探测器计划

虽然我们观测宇宙的能力是有限的，仍然有一个正在进行的计划会有助于我们摒弃以往任何错误的概念。另一个正在建造中的卫星将被用来重复 COBE 卫星的实验，上面所携带的探测器比以往使用过的都灵敏得多。当然即使如此它的观测结果也不可能沿时间上溯得很多，也就是不可能达到更接近大爆炸的时刻，但是它肯定可以用来详细研究 COBE 观测过的宇宙背景辐射，也许能够发现宇宙中存在的更微弱的温度起伏。这颗卫星的名字叫作“普朗克探测者”，得名于著名的德国科学家马克斯·普朗克。

卫星正在由 ESA（欧洲航天局）实施建造，它和 COBE 一样也能得到计算机绘制出的图，这些图将被拿来与计算机由理论宇宙模型得出的图进行比较，而这些理论模型中的每一个都只认为某个具体的关于早期宇宙的理论是

- 人们希望新的考察大爆炸背景辐射的卫星能得到足够多的细节，以便判断它们是否与从计算机得到的图景相符合。这样就可以进而对一些理论的合理性做出评价，例如对暴涨理论和超弦理论。

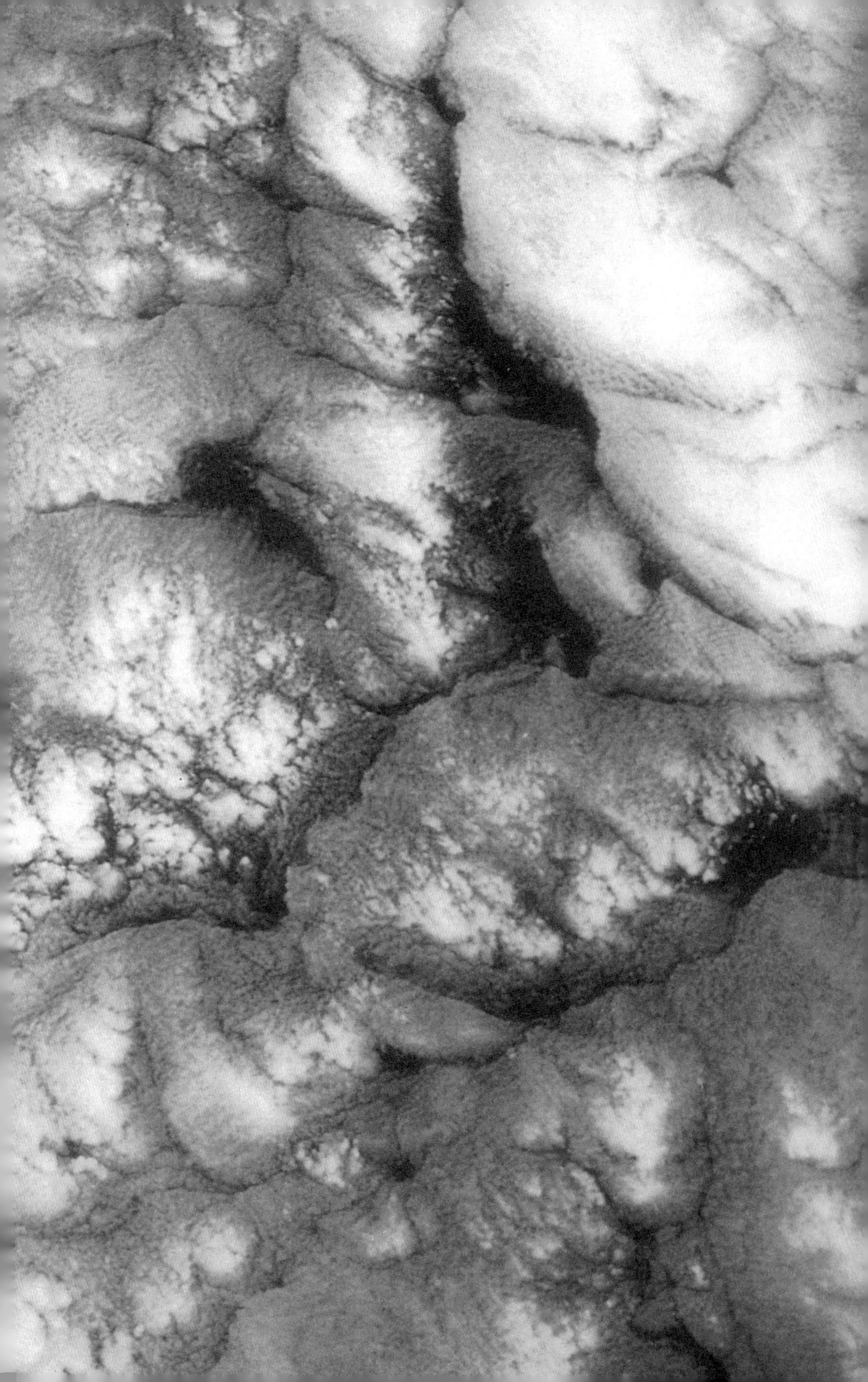

● 剑桥大学的尼尔·图拉克教授是普朗克探测器计划参与者，他身穿防护服站在建造这颗卫星的洁净车间中。

正确的。为了绘制这些图，理论物理学家们把与每一种理论相关的数学精心地应用于相应的计算机模型中，以使这些模型能正确地描述宇宙的诞生过程和演化过程。不同模型所预言的宇宙背景图也很不相同。其中的一种理论如果要它产生出与我们的真实宇宙相似的结果，要求早期宇宙中有一些大的热区域的存在；而另外的一种理论要求的前提条件是早期宇宙中存在着成团的微型热点。

例如安德烈·林德的宇宙暴涨理论会产生无数个宇宙，我们的宇宙只是其中之一。计算机通过这个理论建立起了一个相应的背景辐射模型。一旦普朗克探测者卫星观测得到了真实的背景辐射图，就可以拿来与从多重宇宙暴涨理论的计算机模型得到的背景辐射图来比较，看一看它们是否相一致。这种比较最起码也能给出这两种图有什么重要的不同点，由理论模型所产生的背景辐射图可能很不同于普朗克探测者观测得到的真实背景辐射图。这样，普朗克探测者就可能否定很多关于早期宇宙的理论，而只留下唯一一个看起来是最合理的。已经建立起来的计算机模型表明，四种不同的理论模型所得到的背景辐射图很不相同。例如，由弦理论得到的宇宙背景辐射图与由多重宇宙理论所得到的图之间就存在着明显的差异。

可是，无论普朗克探测者所得到的结果会怎样，我们从中能得到的最有价值的东西是，对一些关于早期宇宙的理论给出否定的判断。但是只从一种理论给出的结果与卫星观测所得的结果相融洽这一点，还不能得出结论说这是唯一的一种正确的理论。在我们一步步地越来越多地理解宇宙的演化机制的过程中，证明任何一种理论的正确性的工作也变得越来越困难。

这种情况使得宇宙学家们一方面联合起来，一方面又各存已见。比如，在对一种有希望的理论可能导致某种有意义的结果产生共识时，他们就会站到一起；在他们都认为某种理论提供了解决某一问题的途径时也是如此。他们通常也小心谨慎地从不轻易地把任何闪烁着智慧光芒的新观点拒之门外。因此，他们中的大多数都承认暴涨理论和弦理论在早期宇宙研究中的作用。而且其中很多人都认为，我们已经接近于找到这个答案。可是他们之间观点的一致也就到此为止了。有很多宇宙学家的个人观点一方面与别人理论中的内容交叉在一起，另一方面却又掺入了尚未得到同行们支持的个人独有的认识。斯蒂芬·霍金也不例外。

- 斯蒂芬·霍金关于“无边界”宇宙的观点意味着如果没有一个创生的时刻，宇宙也可以堪称完整无缺。但同时宇宙也是动态的，像NGC3718 这样的不寻常旋涡星系等河外星系在宇宙中不断地演化着。

第十四章
霍金的宇宙

量子引力论和虚时间

一个无边界的宇宙

我们现在待在哪里

洞悉上帝的心灵

当斯姆特把他的揭示宇宙存在纹波的计算机绘制的粉色和蓝色的图形公之于世时，世界各地的报纸几乎都刊登在了头版之上。以往关于宇宙学的研究工作很难得到新闻媒体的如此之青睐。究其原因，部分是得益于斯蒂芬·霍金在很多报刊上对这些图形意义所发表的一番赞誉之词。他并非夸张地宣称这项研究工作可能是“本世纪中最重大的科学发现”。

那是在1992年4月——斯蒂芬·霍金发表他的《时间简史》一书四年之后。随着这本书的大获成功，斯蒂芬享有了世界性的声誉，公众对于宇宙学的兴趣也达到了最高点。斯蒂芬没有必要以发表哗众取宠式的声明来获取公众对他本人或他的著作的瞩目。他只是为COBE所获得的成功而欣喜若狂，这个成功无疑地给了大爆炸理论以极大的支持，而大爆炸理论已经是绝大部分报纸头版上的热门话题。但除此之外对霍金来说还有更重要的，这就是COBE在宇宙背景辐射中发现了在早期宇宙中存在着微小的温度起伏，这些起伏恰恰是事实上的导致形成现今我们所观测到的星系和星系之间广袤空间的直接诱因。如果斯蒂芬·霍金所主张的对宇宙诞生的瞬间的解释是正确的，这种温度的起伏就必然地存在。

量子引力论和虚时间

斯蒂芬·霍金一直从宏观物理学角度来研究宇宙学。他的奇点原理是爱因斯坦方程式的直接结果，并对大爆炸理论提供了最有力的支持，可是同时也带来了一种在一池静水中激起波澜的结果。就如我们已经知道的，现有物理学原理预言了奇点的存在，但却不能适用于奇点，这就使得用基本物理学原理对宇宙最初时刻的解释理解起来非常困难。斯蒂芬·霍金研究了这个问题并得到了一个出乎意料的结果，这个结果看起来甚至和斯蒂芬原先的研究结果互不相容。以前霍金认为宇宙起始于一个奇点，但他的新见解却在显示，奇点的影响从来不属于宇宙演化过程的一部分。

斯蒂芬·霍金的新见解来自他开始意识到引力作用对于宇宙演化占据首位的至关重要的作用。引力会影响一切物质在时间和空间中的运动方式，这是爱因斯坦广义相对论所导致的一个重要结论。但是如果将引力概念应用于量子世界中，应用于微观的、致密的物理条件下的领域，引力又会怎样起作用呢？一个最合理的假定是，适用于亚原子粒子的量子力学定律也应该适用于其他大小与亚原子粒子在同一层次上的粒子。在最早期的宇宙中存在着大量的致密物质以及它们产生的作用力，这些物质的空间尺度非常小，所以那时的引力作用以及当时宇宙中的一切都应该服从量子力学定律。因此，需要一种能够把已知的广义相对论引力理论与处于量子力学核心部分的波粒二象性理论和测不准原理联系在一起的量子引力理论。它的作用就恰恰与研究弦理论的科学家们正在寻找的那种大统一理论相一致。

斯蒂芬·霍金指出，即使在还没有确立一种被普遍接受的、足够精确的理论之前，我们也能预先得到这种新理论的某些结果。于是他开始构筑量子化的宇宙学，这是有关宇宙可能从中诞生出来的一组量子化条件。

可是，如果我们考虑建立能使宇宙诞生过程得以开始的动力学公式，就不能依赖于现有的描述时间、空间的数学，因为我们已经知道在描述据信宇宙是从中诞生出来的奇点时，这些传统的数学已经彻底地无能为力了。因此，另辟蹊径寻找一种具有可行性的数学方法已经在所必行。斯蒂芬·霍金在一种名为“综合历史”的原理基础上实施他的工作，这个原理来自美国物理学家理查德·费曼。它基本上是这样一种方法，先考虑一件事物行为的所有可能的方式，然后对它们进行评估，并去除那些只得到最低估价的成分。这时，所余下的就是最可能导致正确结果的成分了。这就像要把一封信从伦敦寄往纽约，存在着一个从伦敦到纽约的最佳的路径。可以从伦敦直接飞往纽约，也可以从伦敦先到波士顿或者先到华盛顿然后再到纽约，甚至可以先到莫斯科或者东京然后飞往纽约。在应用“综合历史”方法评估所有可能的从伦敦

Hawking, leading physicist and author, is honoured

By David Lister

Hawking in Star Trek

STEPHEN HAWKING has been given a cameo role in Star Trek: The Next Generation after confessing he is addicted to the TV show.

The brilliant astrophysicist, who is crippled with motor neurone disease, was visiting the Paramount set in Hollywood where the series is shot when he told studio bosses his fantasy was to appear in an episode.

Producers set about fulfilling his wish with a scene where the android crew member Data programmes the starship Enterprise's computer to create a poker game between himself and Professor Hawking, Einstein and Isaac Newton.

Professor Hawking, author of the best-selling A Brief History of Time, is confined to a wheelchair. He is unable to speak but communicates through a voice synthesiser.

Hawking: Fantasy

• 斯蒂芬·霍金从媒体那里获得的荣誉一点也不比作为科学家享受到的传统荣誉少。

到纽约的路线时，就会发现哪一种是具有最大可能性的，如经由莫斯科和东京的路线会被认为是可能性最小的，于是最好的路线就会在认真思考之后产生。在为了描述早期宇宙而寻找数学“工具箱”的过程中，如果我们的思维过于拘泥或保守，那么由“综合历史”方法所得到的结果就会让人感觉存有疑问。有迹象说明，使数学方法变得成功的一个理想途径是按照理查德·费曼提出的建议，把时间作为很特殊的因素来考虑，这样相关的数学表达就变得有很好的适应性和弹性。这种概念被称为“虚”时间。有谁能把时间这个概念解释得一清二楚呢？也没有科学上的依据说明“虚”时间肯定不存在。

这很有些类似于将负数这个概念用到数学中的情形。在“真实”世界中，如果在一个篮子里并没有鸡蛋，那其中的鸡蛋就不能再进一步地少了。可是在包含了负数的数学中，人们却可以理解在篮子里有 -2 个鸡蛋的含义。通过引进“虚”时间的概念，斯蒂芬·霍金可以构筑起解释早期宇宙状态的所有要素，他还能将相关的结果与采用“实”时间得到的结果进行比较。

审视了那些最适用的模型之后，斯蒂芬·霍金给出了关于早期宇宙状态的三种不同的选择，相当于早期宇宙的三种不同的可能性。第一种是具有“实”时间的宇宙，它起源于大爆炸；它带来的问题是这个宇宙必须来自一个神秘的奇点。第二种也是一个具有“实”时间的宇宙，它显得是自古以来一直就存在着的；这样的宇宙也并非不存在任何问题，例如，起码要对爱因斯坦理论中的时间和空间是怎样出现在这样的宇宙中做出解释。第三种宇宙是具有“虚”时间的宇宙，它也应该是自古以来一直就存在着的，这种宇宙赋予了斯蒂芬·霍金一幅特别引人入胜的图景。它还导致了一两个非常有意义的结果，只要是引进了“虚”时间来考虑早期宇宙，就完全避免了制造麻烦的奇点问题。所有的参与宇宙演化的要素都能存在于初始状态的宇宙中，包括我们所理解的时间和空间也照样能发生弯曲。这样的宇宙既无始又无终，不需要像勒梅特的原始原子那样必须有一个初始的物质存在。如此这般，斯蒂芬·霍金就成功地避免了奇点问题和物理定律失效的困惑。

斯蒂芬·霍金还同时得到了另外一份有意义的收获。通过对宇宙本性规定一种具体限制，他能成功地解释，在引进了“虚”时间的理论中只有像我们观测到的真实宇宙这样的宇宙才能得以存在。

一个无边界的宇宙

斯蒂芬·霍金的宇宙模型是一种无边界的模型。他发现，我们的宇宙只有是一个无边界的宇宙，才能从具有不确定性的量子本性的早期宇宙中演化出来。如果没有任何限制，霍金所提出的量子化的起始点就能演化出各种各样的宇宙，这与安德烈·林德的暴涨理论的第二版相比并没有什么进展，这个理论也导致了产生无穷多个宇宙的可能性。我们的宇宙只是这无穷多个中的一个，但这个理论并未能解释为什么和怎样才使得我们所在的这个宇宙成了所剩下的唯一一个。斯蒂芬·霍金指出，如果初始的量子宇宙演化成了一个无边界的宇宙，这些问题就迎刃而解了。其核心的含义是，在这个宇宙中的时间和空间都没有边界，尽管宇宙自身的大小是有限的。

从下面的例子出发就不难理解斯蒂芬·霍金的无边界宇宙概念。设想一个人走在一个球面上，例如走在地球的表面上，不管他走得有多远，也不管是朝着哪个方向走，即使是不停地走下去，在球面上绕了一圈又一圈，他也不会遇到一个边界，而这个边界标志着某个东西的结束。如果设想不是在地球表面而是在一个巨型气球的表面上，情况也是如此。实际上可以走在气球的外表面上，也可以走在气球的内表面上。这样就不要求这个无边界的宇宙具有一定的形状和大小，它只要给出连续的时间和空间，并且像气球的外表面和内表面那样没有边界。

对一个具有无边界性质的宇宙来说，在数学上有理由认为它是一个量子化的初始宇宙经演化后的最可能的结果，而量子化的初始宇宙是斯蒂芬·霍金提出的对宇宙的最初时刻的一种诠释。而他关于“无边界”性质的见解尤其令人兴奋的是，它已经把好几种其他能较好解释早期宇宙某些方面性质的理论融合在一起，例如暴涨理论。所以，斯蒂芬·霍金的见解具有很多引人入胜之处。当然，它已经被证实的程度迄今并不比其他的描述早期宇宙的纯理论观点高多少。斯蒂芬·霍金本人在《时间简史》一书中强调说，这一见解不可能从其他种类的理论中得出。可是说到底，这只是斯蒂芬·霍金在与加利福尼亚大学的吉姆·哈特的合作中得出的一种可能是正确的可能性。

无论斯蒂芬·霍金怎样巧妙地将各种理论和定律应用于构筑自己的出类拔萃的观点，他很清楚地知道有一个问题总是在所难免的。他必须找到一个能使量子物理的理论来支配引力的途径，然而迄今还没有人能建立起一种令人满意的量子引力理论。即使斯蒂芬·霍金能设法摆脱与他的奇点原理相关的大多数困难问题，但如果没有一种能把引力理论和量子力学统一起来的大统一理论，他还是难以在这个问题上有所作为。

然而，如果假定会出现一个令人满意的量子引力理论，这个理论对斯蒂芬·霍金的宇宙模型会产生的一个结果将是，在宇宙的最初时刻内会有微小的纹波存在，因为测不准原理允许在真空中产生出这种波动。而后，由于暴涨理论允许最初的宇宙开始暴涨，这些微小的纹波将发展成为COBE卫星观测到的大爆炸后遗存的宇宙背景上的温度差异。所以对斯蒂芬·霍金来说，COBE的观测结果验证了他的宇宙模型至少是一种具有可行性的模型。

对上述见解的批评性意见认为，斯蒂芬·霍金已经做的事情，不过是在寻找一种巧妙的办法来竭力绕开将引力理论与量子力学统一起来时遭遇的困难。有人或者指出这样的事实，对于霍金的观点正确与否至关重要的量子引力理论，至今还没有被建立起来；所以还须耐心地等待从弦理论中出现某种新的结果。而且，如果这种进展在不久以后就出现，也很少有物理学家会认为这将写下物理学教科书的最后一章。埃德·韦顿在他所做的一次富有洞察力的评论中说，任何一种能给我们带来丰厚成果的理论，它毫无疑问地也会同时给我们带来一大堆新的挑战。

我们现在待在哪里

隐藏在韦顿评论的薄纱后面的一种明显的涵义是，我们永远不会比我们现在已经做到的更接近或者更远离对宇宙的完全彻底的理解。这种观点认为，我们现在已经接近做到对宇宙无所不知，但是我们永远不可能做到对宇宙无所不知。当我们一层层地撕开洋葱皮时，我们会发现还有更多层的洋葱皮。宇宙奥秘的最终答案可能就像这个问题本身一样扑朔迷离。可是，即使我们现在仍然对大爆炸后一瞬间宇宙演化的情形备感困惑，可大多数宇宙学家对已经取得的进展还是感到颇为乐观——其中也包括斯蒂芬·霍金。毕竟我们只要解释最初一瞬间的情况就够了。古人曾经认为，在地球的上面有一个布满了洞的盖子，闪闪的星光是通过这些洞透射过来的火光。从那时起一直到现在，我们已经走过了一条无比漫长的道路。人类现在对宇宙的认识，乃是精益求精的科学观察和充满智慧的理论推演的不朽结晶。而且，实际上在斯蒂芬·霍金所主张的宇

● 斯蒂芬·霍金。

宙模型与其他宇宙学家们现在正在构筑的模型之间，只存在着非常细微的差别。

再过不久弦理论可能就会给出能够描述能量如何从真空中产生出来的方程式；而后根据暴涨理论，接下来发生的是急剧的膨胀。正如后来出现的，在真空中存在的某种量子起伏会导致在大爆炸中伴随着纹波的存在，根据COBE卫星的观测结果，在大爆炸30万年后宇宙中各处温度的平均差异也不到0.002摄氏度。可是这已经足够使得在大爆炸后的冷却过程中物质以不均匀的形式演化。

事情发生的过程可能是这样的，在大爆炸发生短短一瞬后，在爆炸中释放出来的能量开始形成夸克这类的物质基本粒子，但是这一现象并不是在一个不可逆的过程中一蹴而就的。在第1秒钟之内，在这些粒子之间会发生碰撞，有可能重新回到纯能量状态，然后又再次归于粒子态。这种反复过程作为创生的疯狂“舞蹈”的一部分，在不透明的热等离子体中可能会“上演”多次，然后才导致了我们在功率最强大的粒子加速器中所观察到的那种碰撞所产生的反应。在3秒钟内，更高级的物质结构开始形成了，注定要成为原子的一部分的原子核此时也开始形成。随着温度的降低，早期形成的粒子开始聚合而成。可是这时的宇宙毕竟还是太热了，我们不可能观察到正在诞生的宇宙内部那口白热的大锅的内部。

我们必须等待30万年才能看到宇宙变成透明的，电子开始了围绕原子核的运动，这时原子就形成了——氢元素大约占80%，氦元素大约占20%。在大爆炸的10亿年后由于引力作用才形成了第一批恒星。类星体和聚集在一起的成团物质形成了星系。在第一批恒星中，氢经过热核反应聚变成氦，于是恒星开始辐射出强烈的光和热。在类星体中央的黑洞以它巨大的引力吸引住在其周围的物质，形成高速旋转的由物质组成的吸积盘，其内部的高温又致使有新的恒星诞生。而那些年老的恒星则坠入在明亮的类星体周围的大量的暗物质之中，或许就成为这个巨大的转轮的一部分，形成了今天我们所熟知的旋涡星系的旋臂。

在最早的恒星演化到它们生命的终结阶段的时候，最早的白矮星形成了，它们又逐渐地冷却成为不可见的黑矮星。最早的大质量恒星爆发，于是超新星也出现了，这些事件的结果会形成中子星、并且把大量的重元素抛洒到广袤的宇宙空间中。我们自己的恒星太阳也诞生了，它所属的行星们由于它的引力作用而不停地围绕它旋转。地球表面温度降到一定程度后，生物开始在其上繁衍生息；人类终于出现了——人类不过是在死亡恒星所抛洒出的尘埃中演化出来的一种非同寻常的产物。但人类出现后不久就开始发现各种各样的线索，使他们理解了大约150亿年前开始的一连串难以置信的事件的几乎所有细节。

洞悉上帝的心灵

如果认为我们现在对宇宙的理解已经达到了最终认识的阶段，那我们就很容易地又重复了前人曾经犯过的错误。托勒密和牛顿的宇宙模型在他们各自的时代都曾经被认为是完美无缺的。与他们的模型相比，大爆炸宇宙模型现在还处在孩提的幼稚时代。在历史上，随着观测证据的出现，早期的宇宙模型逐渐被证明是错误的，并以戏剧性的速度被更新和发展。托勒密以及与他同时代的宇宙学家们根据人们的肉眼观测的结果、通过超乎想象的精巧构思，建立了一个有一定可信度的宇宙模型。伽利略的天文望远镜向世人昭示了太阳系的更多细节，说明了托勒密的模型是错误的。牛顿创立了引力理论，300年前就认清楚了观测到的太阳系。哈勃对太阳系之外的宇宙进行观测的结果揭示了牛顿的无限和永恒宇宙模型的固有缺陷。在哈勃所进行的观测之后相对短的时间内，人类的望远镜进入了太空，尽我们所能对宇宙的早期进行了观测。即使我们能够进一步地提高观测能力，我们似乎也不能再观测到更多的东西，我们已经看到了全部可见宇宙。

基于我们对宇宙的这些认识，似乎可以说我们已经接近了对宇宙的基本

● 猎户星座的马头星云是宇宙中最美丽的景象之一。马头星云是一个极有特色的暗尘埃云，它位于本图的中央偏右的地方。

了解。尽管也许还有 90% 以上的宇宙还根本没有被观测到，我们也还不得不努力去寻找暗物质，但我们却已经能对暗物质做出一定的预测和认识到它们在演化中的作用。在我们能探测到暗物质并弄清楚它们的总量之前，宇宙的最终归宿将一直是个谜。但即便如此，我们却已经清晰地认识了宇宙的几种可能的归宿。

但是这些距离理解宇宙的一切还相差甚远。弄清了宇宙的动力学历史并非意味着已经开始解决那些有永恒色彩的哲学问题。例如为什么会存在这个宇宙或者这一切是为了什么等等，只凭科学理论本身是不可能回答的。但是，斯蒂芬·霍金却坚信，宇宙学研究的进展能够帮助我们提高找到回答这些问题的最好答案的可能性。正确地认识宇宙演化机制肯定有助于我们思考诸如为什么宇宙会存在、宇宙是不是被创造出来的以及它是不是有目的等问题。在《时间简史》一书的末尾斯蒂芬·霍金总结说，一旦我们发现了完美的大

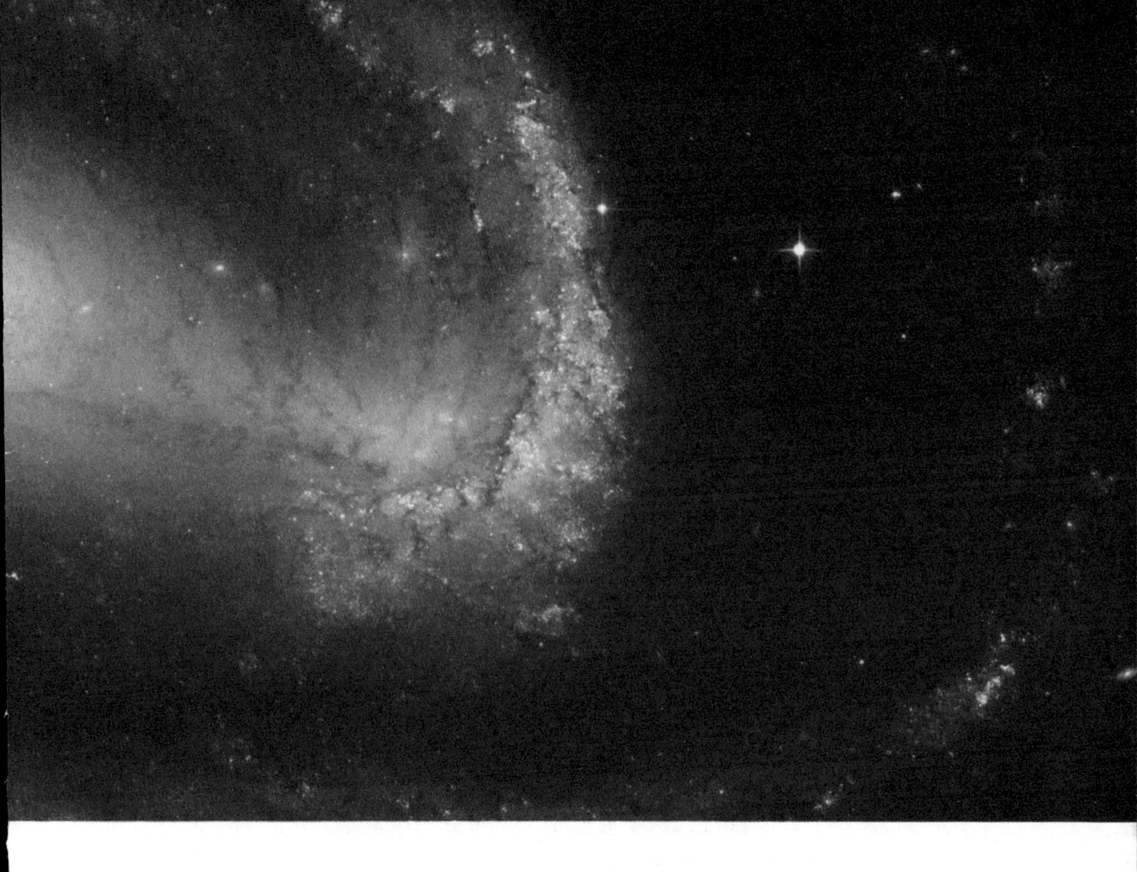

统一理论，它的基本原理和内涵经过一段时间后应该为任何一个人所能理解。而且，一旦人人理解了宇宙的所有性质，人人就都具备了参与关于“为什么存在这个宇宙”的讨论的资格。斯蒂芬认为，这个问题的真相大白将是“人类理性的最后的胜利——由此我们洞悉了上帝的心灵”。

对于我们当中的许多人，面对这个挑战是太勉为其难了。我们当中千千万万的人以前从未涉及过对宇宙本质的探索。可我们只是没有尝试过，而且很可能是被告知过这个问题的答案已经超出了我们有限的理解能力。努力地去认识宇宙的本质，就如斯蒂芬·霍金和历史上的其他宇宙学家已经做的那样，将使我们的生命变得更加完整和尽善尽美，而这正是我们所需要和所追求的。

译后记

承海南出版社盛情之邀，于 1999 年 3 月开始翻译《霍金的宇宙》一书。虽然是在繁忙工作之余，但这一过程仍然给我本人带来不少次心灵的震撼。关于宇宙，中国古代即有“四方上下曰宇，古往今来曰宙”(《尸子 · 君治》)的说法。最早使用中文“宇宙”一词的学者中有东汉时代的伟大科学家张衡。他写道：“过此而往者，未知或知也。未知或知者，宇宙之谓也。宇之表无极，宙之端无穷。”(《灵宪》)人类对宇宙的认识，即对我们周围的天地万物的总的看法，在人类进入文明社会的几千年中已经经历了从原始的、朴素的到理性的、科学的飞跃。《霍金的宇宙》述及的就是有关的这一段科学史。尤其是重点地介绍了现代的科学宇宙论是怎样建立起来的。事实上，的确有一部分从事自然科学研究、教学的人，并没有真正地了解什么是现代科学，现代科学与哲学、宗教以及古代科学的差别。斯蒂芬 · 霍金认为现代科学发端于伽利略。尽管专家们对这个问题可能还有所争论，但读完这本书后，细心的读者都至少会在一定程度上理解斯蒂芬 · 霍金的观点。哥白尼在 15 世纪初提出他的日心说后，教会方面几乎对此未予理睬。原因是教会并不认为一种纯粹的理论会对它的原始教义形成任何有意义的威胁。到了大约 100 年以后的 16 世纪初，当伽利略通过刚刚发明的望远镜观测发现木星居然有卫星、金星居然有盈亏圆缺现象，进而勇敢地对地心说提出挑战时，教会方面则感到这一回遇到的威胁是实质性的，它不得不认真应对了。究其原因，伽利略的挑战所凭借的是观测证据，也就从那时起，科学形成了自己的行为和思想的定式。现代科学应运而生了。在现代科学那里，只有其结果能够在相同条件下唯一性地产生并且是可重复地出现的实验或观测才是至高无上的，相关的理论只能产生于这些实验或观测之后而不是在它们之前。就如作者在书中指出的：“无论如何，科学的力量在于，凡是未经实验验证的东西就不能被认为是真实的存在。”正是由于现代科学把上述原则视为最高准则，才注定了它到了近代发展得盖世无双、硕果累累，形成了促进人类社会发展的真正第一生产力。说“宇宙在时间和空间上都是无限的”，这在哲学家那里一般是正确的和可以接受的。但在现代科学那里，对这样的说法就有些不以为然了。因为科学只能以实验或观测证据为基础，加上建立在辩证思维和逻辑推理之上的去伪存真、去粗取精的总结概括、凝练升华过程来得到任何一个堪称是科学的结论。任何实验或观测只能作用于具体的、有限的客体。所以对于天文学家、宇宙学家来说，他们所能研究和讨论的，总是一个可实验、可观测的，因而只能是一个具体、有限的宇宙。换句话说，关于那些望远镜完全看不到的遥远宇宙深处，科学家们总是坦率地承认，除了各种假说之外他们“一无所知”。所以在一定意义上可以说，基础科学研究就是从某种实验或观测的事实升华为一种科学观点或结论的过程，或是为某种观点或结论寻找实验或观测证据的过程。除了实验和观测证据以及在此基础上的关于这些证据的辩证思维，科学还能做什么呢？在这一领域之外，只能是哲学家们纵横驰骋的天地。在本书中述及大爆炸理论建立前后的那一段科学史时，曾经提到大爆炸理论似乎对争论的“创世说”一方更加有利。而事实上在本书中作者巧妙地避免了直接批评任何一方，也没有给出有关问题的最终结论。在这里，真正的“法官”是每一位正处于求索真理的思辨中的读者自己。不管怎样，在读完这本书之后，除了会对各种关于宇宙的学说以及它们产生的历史过程有所了解之外，也许细心的读者会或多或少地明白了“什么是科学”和“科学家们是怎样工作的”。在我看来，后一种意义似乎更为至关重要。

赵复垣

2000.4.15 于北京天文台

Stephen Hawking's Universe: The Cosmos Explained
by David Filkin

版权合同登记号：图字：30-2014-002 号
图书在版编目（CIP）数据
霍金的宇宙 /（英）费尔津著；赵复垣译 . -- 海口：海南出版社，2016.5（2018.4 重印）
ISBN 978-7-5443-6476-8
Ⅰ . ①霍… Ⅱ . ①费… ②赵… Ⅲ . ①宇宙学－普及读物 Ⅳ . ① P159-49
中国版本图书馆 CIP 数据核字 (2016) 第 082545 号

霍金的宇宙

作　　者：［英国］戴维・费尔津（David Filkin）
译　　者：赵复垣
监　　制：冉子健
策划编辑：李继勇
责任编辑：孙　芳
装帧设计：黎花莉
责任印制：杨　程
印刷装订：北京盛彩捷印刷有限公司
读者服务：蔡爱霞
海南出版社　出版发行
地址：海口市金盘开发区建设三横路 2 号
邮编：570216
电话：0898-66830929
E-mail：hnbook@263.net
经销：全国新华书店经销
出版日期：2016 年 5 月第 1 版　2018 年 4 月第 4 次印刷
开　　本：787mm × 1092mm　1/16
印　　张：15.75
字　　数：110 千
书　　号：ISBN 978-7-5443-6476-8
定　　价：49.80 元